国家出版基金项目
NATIONAL PUBLICATION FOUNDATION

河（湖）长能力提升系列丛书

HE (HU) ZHANG GAILUN

河（湖）长概论

陈晓东　阮跟军　丁春梅　编

U0280741

HE (HU) ZHANG

NENGLI TISHENG XILIE CONGSHU

中国水利水电出版社
www.waterpub.com.cn

·北京·

内 容 提 要

本书为《河（湖）长能力提升系列丛书》之一，该书结合各地河长制、湖长制的实践，系统阐述了河（湖）长的内涵和外延、工作内容、工作流程、制度和规范等，并简要介绍了作为基层河长应掌握的河湖基本知识。全书共分5章：第1章为绪论，介绍了河（湖）长制的起源和发展、河（湖）长制的目标和部署；第2章为河（湖）长管理，主要从工作体系、任务体系、制度体系、河（湖）长职责等方面，描述河（湖）长的管理；第3章为河（湖）长工作任务及方法，主要从河长的工作任务、巡河和问题处置等方面对河长的工作及方法进行阐述；第4章为"一河（湖）一策"制定与落实，主要从"一河（湖）一策"主要内容、编制组织、实施管理等方面叙述"一河（湖）一策"的制定与落实；第5章为美丽河湖评估，主要介绍了美丽河湖的评估组织、评估标准和评估指标，并辅以梅溪和里水河为例。

本书既可供河（湖）长培训使用，也可作为相关专业高等院校师生用书。

图书在版编目（ＣＩＰ）数据

河（湖）长概论 / 陈晓东，阮跟军，丁春梅编. --
北京 : 中国水利水电出版社，2019.8
 （河（湖）长能力提升系列丛书）
 ISBN 978-7-5170-8263-7

Ⅰ．①河… Ⅱ．①陈… ②阮… ③丁… Ⅲ．①河道整治－责任制－研究－中国 Ⅳ．①TV882

中国版本图书馆CIP数据核字(2019)第274741号

书　　　名	河（湖）长能力提升系列丛书 **河（湖）长概论** HE（HU）ZHANG GAILUN
作　　　者	陈晓东　阮跟军　丁春梅　编
出 版 发 行	中国水利水电出版社 （北京市海淀区玉渊潭南路1号D座　100038） 网址：www. waterpub. com. cn E - mail：sales@waterpub. com. cn 电话：(010) 68367658（营销中心）
经　　　售	北京科水图书销售中心（零售） 电话：(010) 88383994、63202643、68545874 全国各地新华书店和相关出版物销售网点
排　　　版	中国水利水电出版社微机排版中心
印　　　刷	北京印匠彩色印刷有限公司
规　　　格	184mm×260mm　16开本　16.25印张　309千字
版　　　次	2019年8月第1版　2019年8月第1次印刷
印　　　数	0001—6000册
定　　　价	**65.00**元

《河（湖）长能力提升系列丛书》
编　委　会

主　　　任　严齐斌

副　主　任　徐金寿　马福君

委　　　员（按姓氏笔画排序）

王　军	王旭峰	王洪军	韦联平
卢　克	白福青	包志炎	邢　晨
朱丽芳	朱浩川	阮跟军	严爱兰
李永建	何钢伟	余　魁	余学芳
张　威	张　浩	张亦兰	张建勋
张晓悦	张喆瑜	陈　杭	陈　茹
陈　通	陈宇明	陈晓东	林　统
郑月芳	宗兵年	姜再通	夏银锋
顾　锦	高礼洪	黄伟军	曹　宏
戚毅婷	崔冰雪	蒋剑勇	韩玉玲
雷水莲			

丛书主编　华尔天

丛书副主编　赵　玻　陈晓东

丛书前言
FOREWORD

党的十八大首次提出了建设富强民主文明和谐美丽的社会主义现代化强国的目标，并将"绿水青山就是金山银山"写入党章。中共中央办公厅、国务院办公厅相继印发了《关于全面推行河长制的意见》《关于在湖泊实施湖长制的指导意见》的通知，对推进生态文明建设做出了全面战略部署，把生态文明建设纳入"五位一体"的总布局，明确了生态文明建设的目标。对此，全国各地迅速响应，广泛开展河（湖）长制相关工作。随着河（湖）长制的全面建立，河（湖）长的能力和素质就成为制约"河（湖）长治"能否长期有效的决定性因素，《河（湖）长能力提升系列丛书》的编写与出版正是在这样的环境和背景下开展的。

本丛书紧紧围绕河（湖）长六大任务，以技术简明、操作性强、语言简练、通俗易懂为原则，通过基本知识加案例的编写方式，较为系统地阐述了河（湖）长制的构架、河（湖）长职责、水生态、水污染、水环境等方面的基本知识和治理措施，介绍了河（湖）长巡河技术和方法，诠释了水文化等，可有效促进全国河（湖）长能力与素质的提升。

浙江省在"河长制"的探索和实践中积累了丰富的经验，是全国河长制建设的排头兵和领头羊，本丛书的编写团队主要由浙江省水利厅、浙江水利水电学院、浙江河长学院及基层河湖管理等单位的专家组成，团队中既有从事河（湖）长制管理的行政人员、经验丰富的河（湖）长，又有从事河（湖）长培训的专家学者、理论造诣深厚的高校教师，还有为河（湖）长提供服务的企业人员，有力地保障了这套丛书的编撰质量。

本丛书涵盖知识面广，语言深入浅出，着重介绍河（湖）长工作相关的基础知识，并辅以大量的案例，很接地气，适合我国各级河（湖）长尤其是县级及以下河（湖）长培训与自学，也可作为相关专业高等院校师生用书。

在《河（湖）长能力提升系列丛书》即将出版之际，谨向所有关心、支持和参与丛书编写与出版工作的领导、专家表示诚挚的感谢，对国家出版基金规划管理办公室给予的大力支持表示感谢，并诚恳地欢迎广大读者对书中存在的疏漏和错误给予批评指正。

2019 年 8 月

本书前言
FOREWORD

2003 年，浙江省长兴县在全国率先实行河长制。2008 年起，浙江省其他地区如湖州、衢州、嘉兴、温州等地陆续试点推行河长制。2013年，浙江省出台了《关于全面实施"河长制"进一步加强水环境治理工作的意见》，明确了各级河长是包干河道的第一责任人，承担河道的"管、治、保"职责。2016 年 12 月，中共中央办公厅、国务院办公厅下发了《关于全面推行河长制的意见》，全国各级河道相继设立了河长。湖泊是江河水系的重要组成部分，是蓄洪储水的重要空间，在防洪、供水、航运、生态等方面具有不可替代的作用。为此，2017 年 11 月，中共中央办公厅、国务院办公厅印发了《关于在湖泊实施湖长制的指导意见》，河（湖）长制开始在全国推广实施。

根据国家的总体要求，全国各地区结合自身实际，构建了各具特色的河（湖）长体系。在河长制的推行过程中，浙江省率先发起"五水共治"水生态治理理念，颁布施行了全国第一部河长制地方性法规《浙江省河长制规定》，全面建立了省、市、县、乡、村五级河湖长体系；吉林省构建了省、市、县、乡四级河长制；云南省河湖库渠实行了省、州市、县、乡、村五级河长制……随着河（湖）长制的全面建立，河（湖）长的能力和素质就成为河（湖）长治能否长期有效的决定性因素，因此，补齐各级河（湖）长治水知识"短板"势在必行。

本书系统阐述了河长的内涵和外延、工作内容、工作流程、制度和规范等，主要内容包括河（湖）长制的起源和发展、河（湖）长制的总体目标、河（湖）长制的部署、河（湖）长制体系、河（湖）长职责、河（湖）长工作任务及方法、"一河（湖）一策"制定与落实、美丽河湖评估等方面的理论知识，并辅以各地的实际案例。

全书共分 5 章，第 1 章绪论包括河（湖）长制的起源和发展、河

（湖）长制的目标和河（湖）长制的部署等内容；第2章河（湖）长管理包括工作体系、任务体系、制度体系、河（湖）长职责等内容；第3章河（湖）长工作任务及方法包括工作任务、巡河、问题处置等内容；第4章"一河（湖）一策"制定与落实包括主要内容、编制组织、实施管理等内容；第5章美丽河湖评估包括美丽河湖评估组织、评估标准、评估指标和案例。

本书第1章由丁春梅（浙江水利水电学院）编写，第2和第5章由陈晓东（浙江水利水电学院）编写，第3章由阮跟军（诸暨市应急管理局）编写，第4章由张喆瑜（浙江省水利发展规划研究中心）编写。在本书的编写过程中还得到了浙江省河长制办公室、浙江省水利厅、余杭市水利局、诸暨市水利局、浙江同济科技职业学院等单位相关同志的大力支持，在此一并表示感谢。

限于作者水平，书中难免存在不足之处，敬请批评指正。

编者

2019 年 7 月

目录
CONTENTS

第 1 章

绪　　论

1.1　河（湖）长制的起源和发展

1.1.1　我国水利职官制度的发展

我国历史上水旱灾害频繁，各朝代都把水利作为治国安邦的大事。历代政府多设置水官或管理机构，承担国家的水行政管理事务。历代政府还制定水利法规，用以规范各种水事活动。

自有史以来水政管理在我国一直受到重视。它的管理系统一般分为行政管理和工程实施管理两大系统。水政管理所辖范围除水利之治河防潮、农田水利、航运工程等内容外，还往往兼及沼泽河地之渔业、水生作物等，以及津、梁、桥、渡、交通水道之管理等。

历代水利机构与水官变化复杂。总体来说，有工部、水部系统的行政管理机构；有都水监系统的工程修建机构；同时有地方水官系统，如汉之都水令丞，明清之水利通判等。中央水政官吏直属工部或都水监，而地方水政官吏则属地方长吏。有中央派给地方的水利官吏，如明清之总理河道、河道总督；有中央职能部门派驻地方的水利官吏，如宋代外都水监丞，明代派往运河的工部郎中、主事等；有非水官而职责却是专司水利的官员，如清代各省的道员；有地方官兼本地水利官职的；也有中央非水利部门官吏被派往地方管水利的，但往往为临时差遣，如明清漕运及管河有专业军队及武官系统，清代的总督河道多以兵部尚书任职。

官吏之下施工、维修的劳力有徒隶（如今之劳改犯），有兵卒，有征丁，有

募夫；维修管理有一定名额的常设夫，常设夫在明清时因职守不同，有种种名目。水工技术人员，秦汉以来称水工，如秦郑国，汉徐伯等。而宋、金、元有所谓"壕寨官"者，确为主持施工的水利人员。

这些官吏既随时代变化，又因地域而转换，交互错综，极为复杂，分述如下。

司空是古代中央政权中主管水土等工程的最高行政官。防洪、排涝、蓄水、灌溉等水利工作是司空的主要职掌。

隋代以后设工部尚书主管六部（吏、户、礼、兵、刑、工）中的工部，也通称司空，在明代以前为宰相下属，掌管工程行政。各代往往又设将作监或都水监管理水利建设的实施维修等，与工部分工。明清废都水监等，施工维修管理等任务划归流域机构或各省，中央只保留工部管理行政职能。

尚书以下具体负责中央行政的机构有水部。隋、唐、两宋都在工部下设水部，主管官员为水部郎中。民国往往于农林或经济部下设水利局、处，后来曾设水利部❶。

都水监是古代中央政权中主管水利建设计划、施工、管理等的专职机构，往往和工部平行，二者行政有关联，工作有区别。其派驻地方或河道上的派出机构，宋代称外监或外都水监丞，金代又叫分治监，元代叫行都水监。内外监都有专职官吏以及技术人员。明清不设都水监，农田水利划归地方管理。黄河、运河等大流域派设专门治理机构，如总理河道或河道总督等，地位和各省总督、巡抚平等。运河漕运另设漕运总督，专管漕粮运输，地位与河道总督平行，有时候并为一职。

汉至唐各代在中央或临时派往地方主持河工的官吏还有河堤谒者等官。金代的巡河官，元代的河道或河防提举司，明代管黄河、运河的郎中、主事等都类似晋以后的河堤谒者。

明代黄河、运河两河管理制度复杂，体制纷乱，变化也多。大致有侍郎级的总理河道、河道总（或提）督、总漕兼管河道等名称。也有的由武官的都督或侯、伯来担任。分级分段管理则除郎中、主事外，另有监察史、锦衣卫千户，分别称为管河道主事、管洪主事、管泉主事、巡河御史、管河御史等。地方则

---

❶ 民国三年即 1914 年设全国水利局，但事权仍分于各部及省。后几经变更，直至民国三十五年始设水利委员会，第二年即 1947 年改为水利部，其下黄、淮、海、江、珠等流域机构为水利工程总局，事权始统一。

每省按察司设副使一个，专管河道。所属州县各有管河通判、州判、县丞、主簿管理所辖河段。

清代制度沿袭明代而逐渐简化，系统分明。明代的总河在清代称河道总督，亦简称总河。雍正时分总河为三：一为江南河道总督，管理江苏、安徽两省的黄河和运河，简称南河，驻清江浦；二为河南、山东河道总督（或河东河道总督），管理河南、山东两省的黄河、运河两河，简称东河，驻济宁；三为直隶河道总督，管理海河水系各河，驻天津，简称北河，后不久以直隶总督兼任北河总督。

总河所属机构，清初与明代相近，后逐渐调整，至乾隆以后定为：道、厅、汛三级分段管理，并设文职、武职两系统。民国时开始设立黄河水利委员会等机构。

1912年，中华民国成立，2月，南京临时政府设实业部，管理农、工、商、矿、渔、林、牧猎及度量衡事务。不久，北洋政府正式成立，改设农林、工商两部，前者管理农务、水利、山林、畜牧、蚕业、水产、垦殖等事务，后者职掌工务、商务、矿务。民国3年（1914年），两部合并为农商部，成为北洋政府主管全国经济事务的最高机构。

民国2年（1913年），张謇督办导淮事宜，成立导淮总局，为民国以后中央主管淮域最早的机构。民国3年，导淮总局扩大为全国水利局，虽为民国初年主管水政之最高单位，但事权并未专一，仍需与农商、内务部共同管辖。换言之，北洋政府时期主持水利行政的机构包括内务部土木司、农商部农林司、全国水利局，三者在水利行政上相互协调，权责自亦不免混淆。

古代治河图如图1-1所示。

1.1.2　中华首位河长——鲧

有崇氏，远古时期雄踞大河南岸，是位于嵩高山中的一个富有平治水土经验的部落。大禹的父亲鲧是有崇部落的首领，曾经治理洪水长达九年，救万民于水火之中，劳苦功高。

据《史记·夏本纪》载："当帝尧之时，鸿水滔天，浩浩怀山襄陵，下民其忧。尧求能治水者，群臣四岳皆曰鲧可。尧曰：'鲧为人负命毁族，不可。'四岳曰：'等之未有贤于鲧者，愿帝试之。'于是尧听四岳，用鲧治水。九年而水

图 1-1　古代治河图

不息，功用不成。于是帝尧乃求人，更得舜。舜登用，摄行天子之政。巡狩，行视鲧之治水无状，乃殛鲧于羽山以死。"

以上记载说明，当天下洪水滔滔，水灾为民众大害之时，最高统治者把选取治水首领当作头等要事。最后在有争议之中选定了鲧为治水责任人，并严明责任要求。当时洪水滔天，水环境十分险恶，这河长治的是普天之下的大洪水，任务极其繁重。

鲧是治水能人，治水不可谓不尽力，他埋头苦干，勤劳敬业，持之以恒地在艰难困苦中度过了九年的治水岁月。可谓是舍生忘死之举，然而即使如此，水患还未治平。这是由于这一历史时期的特大洪水产生原因众多，控制殊非易事。

鲧是上古时期部族领袖尧选拔任命的第一个治水河长，虽治水失败，为悲剧人物，但鲧是民族治水英雄，他的治水精神一直为人民所追念，传说夏代人们把鲧当作光荣的先祖，每年都要祭祀。没有鲧的失败经验教训，也就不会有之后禹治水的成功。

1.1.3　中华第二位河长——大禹

"于是舜举鲧子禹，而使续鲧之业。"禹被推上了政治舞台，开始承担第二位天下大河长的重任。鲧被杀当然是禹家族的耻辱，大禹被舜推举治水既是对禹的肯定，又是对禹能力的考验，风险极大。禹的伟大之处是不计个人的恩仇，而以天下、民族的利益为重，肩负起了治水的重任。

《韩非子·五蠹》说："禹之王天下也，身执耒臿，以为民先。股无胈，胫不生毛，虽臣虏之劳不苦于此矣。"为了治平洪水，大禹置自身利益于不顾，"三十未娶，行到涂山"后，"恐时之暮，失其度制……禹因娶涂山，谓之女娇"。婚后仅4天，又辞别娇妻，前往治水一线，长年在外，过门不敢入，致使"启生不见父，昼夕呱呱啼泣"。大禹治水图如图1-2所示。

图1-2　大禹治水图

禹治洪水，遭遇凶险而英勇无畏，置生死于度外。为治平洪水，禹深入实地考察，研究治水之理。大禹得到高士指点，通晓治水方略后，再深入实地调查研究。

禹不墨守成规，深入实地，虚心听取民众意见，总结鲧及前人治水教训经验，采取了"疏"的办法，疏通主要江河，引导漫溢于河道之外的洪潮归于大海。于是"水由地中行，江、淮、河、汉是也。险阻既远，鸟兽之害人者消。然后人得平土而居之"。

所谓"禹迹始壶口，禹功终了溪"。传说中禹治水的地域范围大致是从黄河到长江，最后到了大越的了溪（今绍兴市所属的嵊州市），治水大获成功，地平天成。

治水成功后，大禹在大越召开了会议，对品德高尚的人赏以爵位，对治水有功的人进行封赏，并将茅山改名为会稽山，这便是传说中会稽山的来由。

鲧、禹治水的传说流传广泛，影响深远，是中华民族远古时期治水英雄的缩影和象征，而最具影响力的应是大禹留下的代表中华民族传统美德和伟大的治水精神（今日概括为献身、负责、求实的水利行业精神），形成了中华水文化的基石。

综上可见，今天实施的河长制，源远流长，是对中华民族治水历史和优秀文化的传承和弘扬。

1.1.4　明代的河长制典型

1.1.4.1　浙江省诸暨市的圩长制

诸暨市位于浙江省中部偏北，浦阳江中游，是浙江"七山一水二分田"的低山丘陵地区。古代浦阳江诸暨段河道纵横曲窄，源短流急，曾有著名的"七十二湖"分布沿江两岸。这些湖泊，当时主要作为蓄水之地，有滞洪涝减灾害的作用。之后，泥沙淤入，湖泊浅显。至隋唐时，沿江开始兴圩造田。宋明两代，人多地少，沿湖竞相围湖争地，到万历早中期围垦湖畈达 117 个，导致湖面减少，水失其所。由此而引发的洪旱涝灾频仍，洪涝尤重于干旱。

刘光复，字贞一，号见初，江南青阳人。明万历二十六年（1598 年）冬任诸暨知县，二十九年（1601 年）复任，三十三年（1605 年）第三次连任，先后历时八年。

刘光复到任诸暨后，深入实地考察，对诸暨浦阳江的水患有了较全面的认

识，决意把治水当作为政第一要务。

1. 刘光复圩长制的主要内容

刘光复的治水方略具有前瞻性、系统性和开创性。

刘光复组织全面踏勘诸暨七十二湖，对沿江的地势、水势、埂情、民情作了深入调查，因地制宜地提出了"怀、捍、摒"的系统治水措施（"怀"即蓄水、"捍"为筑堤防、"摒"是畅其流）；绘制了《浣水源流图》《丈埂救埂图》；因势利导，按地形采用多种治理及调洪办法，使洪水危害得到减轻；全面开展清障，并制定严格管理制度。

刘光复更重要的创新之举是实施圩长制管理水利，内容集中在刘光复纂集《经野规略·序》《疏通水利条陈》11 条和《善后事宜》34 款之中。归纳主要可分为以下几类：

（1）实施目的。刘光复实行圩长制的主要目的是明确责任、提高防洪抗灾能力、加强日常管理、协调水事矛盾。

（2）圩长主要职责，包括以下方面：

1）防汛准备。"欲于初夏令圩长夫甲各计埂之多寡，预备竹篓几片，松杉竹木几株，惟寄附埂人家。旧袋几十百只，锄箕索篓人人毕具。辽远者谅立稻蓬几所，以避风雨，驻足埂边。多坑荡水深者，即备门板船只待用。"

2）组织抗洪抢险。一旦出现洪涝险情"圩长执锣，夫甲执梆，夜各高揭灯笼一盏巡视。遇有警急即鸣锣击梆，声柝相闻，齐力救卫，钉桩护泥，囊沙截水。人力胜天，亦未有不济者"。

3）日常巡查。如对"捕鱼罾埠""屯堆木捆江口"等危害河道行洪顺畅的行为，以及堤埂破损情况等要及时发现和处置。

4）收取管护费用和物资。防汛物资"价值听各圩长夫甲公估，不得虚报"。

（3）圩长的产生及管理，包括以下方面：

1）圩长管理范围。"田几十亩编夫一名，一夫该埂若干丈，几夫立一甲长，几甲立一圩长。大湖加总圩长几名，小湖或止圩长一二名，听彼自便。"

2）圩长的条件。"圩长必择殷实能干、为众所推服者充之。""必择住湖田多、忠实者为长，夫甲以次审编。其田多、住远者，圩长夫甲照次挨当，恐管救不及，令自报能干佃户代力。"

3）圩长的日常管理。给圩长以一定待遇和优惠，"各湖圩长夫甲，有催集

之烦，奔走之苦，量其田亩多寡，稍免夫役，亦不为过"。明确任用年限。"圩长大略三年一换""圩长各退顶役，须在八月大潮之后，对众明审的确"。确定更换交接要求。"圩长交替时，须取湖中诸事甘结明白，不致前后推诿。"

4）圩长的考核。对圩长实施公示制，对圩长实行官民两级监督。在日常巡查管理中发现的问题，"圩长含糊不举，并治"。对抗洪救灾不力者进行严厉处罚。

5）圩长的工作要求。要到现场办事。"湖中有事，故委勘差督，类多虚应，须亲行踏勘，相地势，察舆情，权轻重，而酌其宜。毋为甘言所乘，毋为浮议所夺，方能底绩。"不得扰民，把握有度。

（4）官吏职责。为形成官民河长体系，刘光复对县级的官吏都要求明确分工负责。刘光复是诸暨总河长，对清障及重要水事必到现场。

（5）提倡和谐治水的风尚。作为一县之长，针对诸暨民风，刘光复要求圩长通过水利凝聚人心，提倡和谐治水之风。

刘光复的《疏通水利条陈》及圩长制也得到了上级政府的肯定和支持。

2. 刘光复圩长制的成效与影响

万历三十一年（1603年），刘光复在全县全面推行圩长制。统一制发了防护水利牌，明确全县各圩长姓名和管理要求，钉于各湖埂段。牌文规定湖民圩长在防洪时要备足抢险器材，遇有洪水，昼夜巡逻，如有怠惰而致冲塌者，要呈究坐罪。这样，各湖筑埂、抢险，都有专人负责和制度规定。他还改变了原来按户负担的办法，实行按田授埂，使田多者不占便宜，业主与佃户均摊埂工。同时严禁锄削埂脚，不许在埂脚下开挖私塘，种植蔬菜、桑柏、果木等。

圩长制切合实际，操作性强，群众拥护和肯定，在诸暨各湖畈区得到全面、顺利实施。水利工作有条不紊，洪涝灾害、水事纠纷也减少。这一编夫定埂制度沿传300余载，并逐步修正完善。

清代至民国，诸暨防汛组织机构基本沿袭明制，湖畈仍采取分段插牌之成规，由圩长管理。民国34年（1945年）以后，各乡镇、湖畈，按防洪区域，陆续成立水利公会（民国37年改称水利协会）。防护方式亦逐步改为"全埂为公，救则出全湖之民以救之。筑则派全湖之钱以筑之"，是为刘光复圩长制的传承和进一步完善。如1948年东泌湖首任水利会，为了管好大埂，将全湖分为"仁、义、礼、智、信"五蓬，每蓬设圩长10人，分段维修管理。

时至今日，水利会仍是诸暨水利建设和管理的主要基层组织，充满着生机活力，为人们交口赞誉。

原白塔湖斗门刘公殿有联曰："排淮筑圩万古浪花并夏禹，筑坝浚江千秋庙貌是刘公"。这是诸暨人民对刘光复承禹精神，治理水患成就的极高评价。

刘光复所创立的圩长制不但在诸暨治水历史上有切合实际、至关重要的作用，在我国治水史上也有崇高地位，在现在全国实施的河长制治水管理中也有着重要的借鉴意义，并将不断被传承弘扬。

1.1.4.2 明代绍兴城市河道治理

绍兴城市河道有 2500 多年历史，以"三山万户巷盘曲，百桥千街水纵横"闻名于世。绍兴自东晋时已成为全国繁华富庶之地，《晋书·诸葛恢传》载："今之会稽，昔之关中。"到唐代，越州刺史元稹在诗中写道："会稽天下本无俦，任取苏杭作辈流。"南宋时"四方之民，云集两浙，百倍常时"。陆游在《嘉泰会稽志·序》中称："今天下巨镇，惟金陵与会稽耳。"绍兴城不足 8km²，水系发达，河港遍布，商肆繁华，人口增多，带来了城市拥挤和城河管理与排污的新难题。而到明清两代，河道淤塞、侵占、污染问题更为突出。因此，城市水系的综合治理，便成为当时绍兴知府必须亲自负责抓好的重大民生环境工程。今天所能看到的明代著名水利碑文即王阳明的《浚河记》就是城市治水历史的重要印记。

王阳明（1472—1529 年）名守仁，字伯安，因筑室会稽山下的阳明洞自号阳明子，世称阳明先生。明代著名哲学家、思想家、教育家。王阳明的《浚河记》碑主要记载了绍兴知府南大吉治理城河的过程以及倡导、守护正义的议论。南大吉（1487—1541 年），字元善，号瑞泉，明陕西渭南人，明正德六年（1511年）进士，嘉靖二年（1523 年）以部郎出守绍兴府。

碑文开篇就记载了当时绍兴城河令人忧虑的状况。

"善治越者以浚河为急"。于是嘉靖三年（1524 年），南大吉组织对绍兴主要河道进行全面疏浚和整修，并首先对淤塞严重的城河加以浚拓，"南子乃决阻障，复旧防，去豪商之壅，削势家之侵"，一举将府河拓宽六尺许。

"失利之徒，胥怨交谤，从而谣之曰：'南守矍矍，实破我庐；矍矍南守，使我奔走。'人曰：'吾守其厉民欤？何其谤者之多也？'"南大吉在治理河道过程中与沿河势利之徒、奸猾小人有了直接冲突。恶意诽谤之声四起。

为支持南大吉，明辨是非，启导民众支持南大吉"顺其公而拂其私，所顺者大而所拂者小"，保护河道水环境，王阳明以事实充分肯定南大吉城河整治后的效益："既而舟楫通利，行旅欢呼络绎。是秋大旱，江河龟坼，越之人收获输载如常。明年大水，民居免于垫溺，远近称忭。"

治水事业，功德无量，绍兴人民对南大吉的治河之举交口赞誉。

王阳明的《浚河记》简明扼要、立意高远，以通俗的语言阐明深刻的道理，弘扬正义，鞭挞丑恶，针砭时弊，是对后来绍兴从政者的激励，对民众的教育，也开创了绍兴城市河道水环境综合治理的先例。

1.1.5　清朝的河道管理

清朝设立河道总督，掌管黄河、京杭大运河及永定河堤防、疏浚等事。治所（总河衙门）设在山东济宁，康熙十六年（1677 年）迁至江苏清江浦（今属淮安市）。河道总督驻扎清江浦，一旦河南武陟、中牟一带堤工有险，往往鞭长莫及。雍正二年（1724 年）四月，又设副总河，驻河南武陟，负责河南河务。两年后，黄河险段由河南逐渐下移至山东，朝廷又将山东与河南接壤的曹县、定陶、单县、城武（即成武）等处河务交由副总河管理。雍正七年（1729 年），改总河为总督江南河道提督军务（简称江南河道总督或南河总督，管辖江苏、安徽等地黄河、淮河、运河防治工作），副总河为总督河南山东河道提督军务（简称河东河道总督或河东总督，管辖河南、山东等地黄河、运河防治工作），分别管理南北两河。遇有两河共涉之事，两位河督协商上奏。遇有险工，则一面抢修，一面相互知会。总河由此演变成了南河总督，仍驻清江浦；副总河则演变成为河东总督，驻扎开封。

说起清代治河，不得不提李鸿章。在同治十二年（1873 年），正稳步走向大清政坛巅峰的直隶总督李鸿章就黄河问题提出了迥异于常人的观点。

李鸿章上奏朝廷说，铜瓦厢决口宽约十里，水深流急，落差在两三丈开外。如果想让黄河恢复故道，那必须挑挖一条三丈多深的引河。乾隆年间，兰阳青龙岗工程花费帑银 2000 余万两，挑挖一条一丈六尺深的引河都相当困难，现在想挖三丈多深谈何容易。大清开国以来，历次黄河决口宽不过三四百丈，尚且屡堵屡溃，连续数年难以堵复，现在堵复十里多宽的口门，如何能让它保持坚固？而且，兰阳以下的徐淮故道，近年来已有灾民移住其中，村落渐多，禾苗无际。想让目前地下三丈多深的黄河水回到地上三丈开外，那就等着再次溃堤吧。

针对"治河利运"的观点，李鸿章认为，近些年来总把治理黄河和保障运河联系起来，于是才进入两难境地。目前沿海千里洋舶骈集已成创局，正不妨借海道运输之便，以阔商路而实军储。在李鸿章看来，让黄河走大清河道，应该是最安全的流路了。他略有担心的是，安山以上至曹州府境二百余里，地势较洼，是古代的巨野泽，也就是宋代八百里之梁山泊，自宋元明到清朝，凡黄河决入大清河之年，都是由此旁注曹、单、巨野、金乡各县，甚至吞湖并运，满溢数十州县，波及徐淮，为害尤烈。为此，"请饬山东抚臣，于秋泛后，将侯家林上下民埝仿照官堤加高培厚，若能接筑至曹郡西南，更为久远之计。"

光绪二十五年（1899年），76岁高龄的北洋大臣李鸿章再次查勘山东黄河，他在奏章里说，山东黄河改道以来，初因河槽深通，又当军务顿兴，未遑修治。同治十一年（1872年）以后，渐有溃溢，始筑上游南堤。光绪八年（1882年）以后，溃溢屡见，遂普筑两岸大堤，尺寸初不高宽，乃民间先就河涯筑有小埝，随湾就曲，紧逼黄流大堤，成后劝民照旧守埝，后又有改归官守之处，于是堤久失修，有残缺而不可守者。守埝之民有因河滩淤高渐将埝身加高，每遇汛涨埝决，水遂建瓴而下，堤亦因而随决，此历来失事之根也。综计全河之险，中游以下极多，计南岸近省百里近埝之险有二十三处。北岸自长清官庄至利津以下盐窝止，四百六十八里之间有险五十四处，二十年来已决三十一次。

李鸿章在奏章中提到"大治办法"十条：一是大培两岸堤身以资修守；二是下口尾闾应规复铁门关故道，以直达归海；三是建立减水大坝；四是添置机器浚船；五是设迁民局；六是两岸堤成，应设厅汛武职官缺；七是设立堡夫；八是堤内外地亩给价除粮，归官管理；九是南北两堤设德律风（电话）传语，并于险工段内酌设小铁路，以便取土运料；十是两岸清水各工，俟治黄粗毕，量加疏筑，以竟全功。此外，他还附上了比利时水利工程师卢法尔勘察黄河的一份调查报告和施工方案。

古城水乡绍兴，河道纵横，支流密布，就像现在的城市道路，支撑着南来北往的客运货运任务。随着人口的增加和商业的繁荣，城市土地寸土寸金，有财有势的人不断侵占河道，有的在河边搭阁造棚，有的跨河建桥造屋，河上及两岸建筑杂乱无章，沿河居民还"日头秽恶"，把"露汤露水""痰圩污物"等直接倒入河道。针对这些情况，绍兴历任官员都十分重视对城河的整治和管理，清朝的《禁造城河水阁碑》和《禁造城河水阁示》碑文中有清楚的记载和描述。

1. 俞卿《禁造城河水阁碑》

俞卿，字恕庵，云南陆凉（今陆良）人，康熙五十一年（1712 年）由兵部郎出绍兴知府。到任后，俞卿见绍兴城河因一些居民常投污秽物于其中，堆积、污染并淤塞河道，以致"一月不雨，则骤涸，舟载货物，用力百倍，入夏尤艰苦"。是年冬俞卿组织民众对城河进行疏浚。当时俞卿初到绍兴，对如何清淤缺少经验，挖掘之土随意堆弃两岸，到第二年汛期河水高涨，两岸堆土又重新滑落河中，出现了边浚边淤的状况，收效甚微。俞卿通过实地查考，总结失利原因，又布置新的疏浚办法，规定挖河必须深三尺，宽则极于两岸，河道开挖始于各小门，逐段推进，以一里为程，在起止处各筑土坝阻水，完工验收后开坝进水。为清除淤泥，用船将淤泥运到城外的深渊处，也有的由沿河居民挑倒到一些空旷低洼之地。挖河的费用，挑挖部分由官府出俸银，运土的船则借于乡间，每次须出船若干艘，并须配有船夫一人，这样做，不逾月就完成了疏浚。

又有城河沿岸居民因贪图便利，常有架水阁、木桥于河上，以致河道闭塞，影响水上交通。俞卿亲自调查沿河设障情况，召集城中父老，导之以义，晓之以理，恩威并举，于是政令一出，沿河桥阁不数日尽被拆除，虽大户之家莫敢后焉。

为使保护城河形成制度，俞卿又于康熙五十四年（1715 年）立《禁造城河水阁碑》，分别位于城中府仪门和江桥张神祠，碑中首先言明立碑目的，绍兴城河地位以及污染阻塞河道的危害。

接着记述了俞卿本次治河的经过、效果和立碑的意义。俞卿为治水呕心沥血，成效明显，还多次捐俸禄于其中，得到绍兴人民的肯定和拥护。

更难能可贵的是，俞卿在治水认识上高人一筹，对于治水意义有精辟的理解："当念河道犹人身血脉，淤滞成病，疏通则健，水利既复，从此文运光昌，财源丰裕，实一邦之福，非特官斯土者之厚幸也。"

治理水环境不但要统一集中治理，还要有长效制度管理，依法严厉处置侵占河道、污染环境的行为。

此碑为古代绍兴著名的水利规章之一，对后世治水产生了积极影响。

2. 李亨特《禁造城河水阁示》

李亨特，奉天正蓝旗人，乾隆五十五年（1790年）出任绍兴知府。上任不久，即把水利放在重要地位，整治河堰陂塘，建树颇多。又见到由于管理上的放任废弛，在河道阻塞和污染上又出现严重问题。

为整治府河，李亨特对绍兴城内河道进行全面考察，确定了整治方案，于是立《禁造城河水阁示》碑告示。立碑的目的是，"为申明禁令，立限拆毁私占官河水阁事"。

主要理由如下：

（1）城市河道地位重要。

（2）问题及危害大。

（3）前人有治理规范。

所立《禁造城河水阁示》对限期拆除提出了要求。

发现从郡城张神祠至南门止，共设有水阁74座，石条4座，木桥8座。他限令在20日内自行完成清障，倘有敢于违抗者，除官府派员随带工匠押拆外，还将违禁令人严拿，按侵占罪论处。

清障后，李亨特又组织对城河进行疏浚，于是河水为之一清，舟楫往来顺达，水城更显盛世景象。此外，李亨特还组织对城河的水则、桥、巷口、坊口、寺、庙口、轩亭口等35处的水深进行探测，为后来者治河留下了依据，就如同当今要求建立的"一河一档"。同时，李亨特还着力整治城内街面路口，使城中街道畅通无阻，恢复了"天下绍兴路"的美景。

随着社会发展，人口增多，个人损公利己的不良行为也会导致环境的恶化；在河道水环境方面，清障、清污、清淤会成为突出需要进行的措施，如管理不善会引发诸多矛盾，直接影响人类的生存环境、人文形象。

水环境保护、治理是综合性的，城河水活、水畅、水清是首要目标。在治水和河道水域保护中必须采取强有力的综合举措，方可行之有效。因此，以行政首长为总负责，水利、环保、建设等部门各负其责，齐抓共管至关重要。

河道保护、治理具有动态性、持续性、重复性，在日常管理中，既要集中整治与日常管护相结合，更要制定操作性强的制度与法规，告示民众，统一认识，严格执行。

1.1.6　生态文明建设的河长制

水是生命之源，是人类文明之源。水是我国古代农业发展不可替代的重要资源，且工商业、手工业以及社会经济的发展都与水息息相关。纵观我国历史，历代君王秉持着"善治国者必先治水"的思想，在长期的治水实践中取得了辉煌的成就，历朝历代涌现出一大批治水名人，这些历史上的"河长"为中华民族治水制度的发展和治水理念的形成做出了重要贡献。

2003 年 10 月，浙江省长兴县县委办下发文件，在全国率先对城区河流试行河长制，由时任水利局、环卫处负责人担任河长，对水系开展清淤、保洁等整治行动，水污染治理效果非常明显。2004 年，时任水口乡乡长被任命为包漾河的河长，负责喷水织机整治、河岸绿化、水面保洁和清淤疏浚等任务。河长制经验向农村延伸后，逐步扩展到包漾河周边的渚山港、夹山港、七百亩斗港等支流，由行政村干部担任河长。2008 年，长兴县委下发文件，由 4 位副县长分别担任 4 条入太湖河道的河长，所有乡镇班子成员担任辖区内的河道河长，由此县、镇、村三级河长制管理体系初步形成。

2008 年起，浙江省其他地区湖州、衢州、嘉兴、温州等地陆续试点推行河长制。2013 年，浙江省出台了《关于全面实施"河长制"进一步加强水环境治理工作的意见》，明确了各级河长是包干河道的第一责任人，承担河道的"管、治、保"职责。从此，肇始于长兴的河长制，走出湖州，走向浙江全境，逐渐形成了省、市、县、乡、村五级河长架构。

我国河长制升级版，最早源自江苏。2007 年 8 月，无锡市印发《无锡市河（湖、库、荡、氿）断面水质控制目标及考核办法（试行）》，将河流断面水质检测结果纳入各市县区党政主要负责人政绩考核内容，各市县区不按期报告或拒报、谎报水质检测结果的，按有关规定追究责任。

2008 年，江苏在太湖流域全面推行河长制。2008 年 6 月，包括时任省长在内的 15 位省级、厅级官员一起领到了一个新"官衔"——太湖入湖河流"河长"，他们与河流所在地的政府官员形成"双河长制"，共同负责 15 条河流的水污染防治。

随着社会、经济的高速发展，我国出现了水资源短缺、水污染严重等众多水环境问题，河流治理成为当今生态环境保护和可持续发展战略的重要组成部分，为做好河道综合整治这一长期工作，当今河长的工作任务越加艰巨和繁重，功能不断呈现出多样性和复杂性，迫切需要一项能够适应社会需求，满足水环境治理目标的制度体系，因此，河长制这一创新型管理制度在全国应运而生。

党的十八大将生态文明建设放在与经济、政治、文化与社会建设同等重要的地位。习近平总书记在十八届中共中央政治局第六次集体学习时强调要实行最严格的制度、最严密的法制来保障生态文明建设，要将体现生态文明建设状况的指标纳入经济社会发展评价体系，要建立责任追究制度，并加强生态文明宣传教育。为完善生态文明制度体系，2015 年颁布的《中共中央国务院关于加快推进生态文明建设的意见》提出要加快推进生态文明建设，并对水生态保护与修复、水环境污染防治、生态红线和生态补偿等内容做出了明确要求。实施河长制对水生态环境保护、水污染防治具有重要作用，是我国推进生态文明建设的必然要求。

2016 年 12 月，中共中央办公厅、国务院办公厅印发了《关于全面推行河长制的意见》，正式提出在全国范围内实施河长制。该《意见》提出了包括指导思想、基本原则、组织形式、工作职责在内的总体要求，明确了河湖管理保护的六项工作任务以及四项保障措施。该《意见》的提出有利于落实绿色发展理念，推进生态文明建设，为解决我国复杂水问题、维护河湖健康生命、完善水治理体系、保障国家水安全提供了重大制度保障。

河长制是由各级党政主要负责人担任河长，负责相应河湖的管理和污染治理工作的一种创新制度。明确了河湖管理保护的六大工作任务：加强水资源保护，全面落实最严格水资源管理制度；加强河湖水域岸线管理保护，严格水域、岸线等水生态空间管控；加强水污染防治，统筹水上、岸上污染治理，排查入河湖污染源，优化入河排污口布局；加强水环境治理，保障饮用水水源安全，加大黑臭水体治理力度，实现河湖环境整洁优美、水清岸绿；加强水生态修复，依法划定河湖管理范围，强化山水林田湖系统治理；加强执法监管，严厉打击涉河湖违法行为。

与历史上的河长相比，当今河长的功能发生了显著变化。这是由于河长的功能是由不同时期社会发展中河流的不同功能以及出现的不同问题所决定的。古代河长所面对的河流问题较为简单，因此职能也较为单一，主要负责防洪减灾、农田灌溉、水运航运等。而现阶段河流的功能具有多样性，包括提供水资源、行洪排涝、排污自净、能量传递、物质流通以及社会、经济和文化发展等功能，而河流面临的主要问题也不断增加，从洪涝灾害、河道干涸、水土流失，到水体污染和水生态破坏，针对这些问题，当今河长的职能不断扩充，呈现出多样性和复杂性，需要协调政府、水利、环保、城建、农业、林业和畜牧等多部门工作，做出统筹性规划，负责河长制工作的实施。

河长制自开创以来成效与问题并存，全国各省（自治区、直辖市）在实施河长制的过程中取得了显著成效，河道防洪标准逐渐提高，河网水系水资源调配能力明显增强，河道水环境质量明显改善，对流域生态环境的恢复起到了重要作用。从初步摸索到全面推行，河长制工作水平不断提高，管理制度日益完善，形成了具有中国特色的河长制工作制度体系和流域环境治理新模式。

在积累经验和取得成效的同时，河长制作为一项新时期河湖管理的创新制度，在推行过程中难免出现一些问题：第一，相关的法律法规及政策制度不够完善，河长职责不受法律规定，工作没有具体的政策指导，且河长制的监督管理、考核与问责机制不够健全，导致部分河长有名无实，在实际工作中流于形式，无法落到实处；第二，河长制工作需要各部门协调配合完成，而在实际中常出现各部门职责不清、权限不明、协同工作能力差等问题，追究责任时会有相互推诿的情况出现，导致工作效率低；第三，在河湖治理过程中缺乏整体性、统筹性和协调性，不同省份、区域之间地方各自为战，各层级河长之间各自为战，且片面强调河湖治理而缺乏区域层面的综合治理理念。

河长制目前仍处于不断摸索和完善的过程，在未来的发展中，为解决现存问题，实现长效治理，需要从法律、政策、管理、技术、信息化和公众参与等方面为河长功能的实现提供多渠道保障，逐渐形成法规明确，政府部门主导，公众、媒体共同参与，多种手段并用的水环境治理长效机制。

首先，应以法律法规为根本保障，明确部门职责，加强执法监管。一是将河长制以法律形式强调，形成一套科学、系统、完善的理论体系。2017 年 6 月，十二届全国人大常委会第二十八次会议将河长制正式写入《中华人民共和国水污染防治法》，规定"省、市、县、乡建立河长制，分级分段组织领导本行政区域内江河、湖泊的水资源保护、水域岸线管理、水污染防治、水环境治理等工作"。二是建立各级河长责任与任务落实机制，在法律法规中明确政府及各部门的具体责任，并细化不同级别河长需要履行的工作任务，完善绩效考核和环境问责方面的法规制度，为规范河湖管理提供依据。三是监管与执法双管齐下，以政府部门为主导，联合其他部门共同参与，依法制止和打击企业偷排、侵占河道等行为，保证河长"制"真正落实成为河长"治"。

其次，应完善管理体制，协调统筹发展，实现综合治理。一是实行流域综合管理，以协调共治思维做好系统决策，在立足不同地区实际情况，实行"一河一策"的同时综合考虑上下游、左右岸及区域间的关系，实施干流和支流、水域和陆域共同治理，整体推进生态环境保护和生态修复。二是要协调好不同级别河长之间的工作和职责，上级河长应成为责任主体，将任务细化，分配到下级河长，上级对下级进行管理和监督，下级对上级进行汇报和反馈，做到责任明确，使工作由虚变实。三是正确处理河湖治理与综合治理的关系，将环境保护与社会、经济发展置于同等重要的地位，在河长制实施过程中进行统一规划，在污染治理的同时综合考虑经济发展定位、不同行政区域和行业、环境资源开发利用等多方面因素，使得决策更具综合性、战略性和协调性。

最后，应拓宽渠道，多方并进保障河长功能。一是建立河长制公众参与机制，在落实政府主体责任的同时，加强宣传教育，充分发挥群众力量，设立群众监督、举报等制度，引导群众参与到河长制工作中。二是综合运用多种手段提升治理效率，利用地理信息系统等高新技术与人工巡查相结合，多方式推动河湖岸线巡查，有效控制排污、违建等现象；借助 SWAT、MIKE 和 EFDC 等流域模拟及流域管理模型，为河长制工作开展提供基础、水文、网络、工程等数据，实现综合管理和决策调度。三是加强河长制信息化建设，构建河长制信息化平台，实现对河湖的科学监管和保护；开发手机移动 APP 等，实现信息查询、数据监测、预警提醒、河长在线交流等功能；建立微信公众号，实现信息发布、公众投诉等功能，引导公众参与河湖治理，实现全民治水终极格局。

1.1.7　河长制的扩展——湖长制

建设生态文明是中华民族永续发展的千年大计。党的十九大报告提出，统筹山水林田湖草系统治理，实行最严格的生态环境保护制度，形成绿色发展方式和生活方式，坚定走生产发展、生活富裕、生态良好的文明发展道路，建设美丽中国。

湖长制是在河长制基础上及时和必要的补充，仍属于河长制工作体系范畴，并纳入河长制体系统筹推进，其实施有利于促进绿色生产生活方式的形成，有利于建立流域内社会经济活动主体之间的共建关系，形成人人有责、人人参与的管理制度和运行机制，故逐步在国内推广。

2017 年 12 月，中共中央办公厅、国务院办公厅印发的《关于在湖泊实施湖长制的指导意见》（厅字〔2017〕51 号）（简称《湖长制意见》）。《湖长制意见》要求充分认识在湖泊实施湖长制的重要意义和特殊性，各省（自治区、直辖市）要将本行政区域内所有湖泊纳入全面推行湖长制的工作范围，到 2018 年年底前在湖泊全面建立省、市、县、乡四级湖长制，建立健全以党政领导负责制为核心的责任体系，落实属地管理责任。湖泊最高层级的湖长是第一责任人，对湖泊的管理保护负总责，统筹协调湖泊与入湖河流的管理保护工作，组织制定"一湖一策"方案。各级湖长对湖泊在本辖区内的管理保护负直接责任。流域管理机构要充分发挥协调、指导和监督作用。对跨省级行政区域的湖泊，流域管理机构要与各省（自治区、直辖市）建立沟通协商机制，强化流域规划约束，切实加强对湖长制工作的综合协调、监督检查和监测评估。

《湖长制意见》明确了全面落实湖长制的主要任务，包括严格湖泊水域空间管控，强化湖泊岸线管理保护，加强湖泊水资源保护和水污染防治，加大湖泊水环境综合整治力度，开展湖泊生态治理与修复，健全湖泊执法监管机制。《湖长制意见》要求切实强化保障措施，各级党委和政府要加强组织领导，层层建立责任制，强化部门联动。水利部要会同全面推行河长制工作部际联席会议各成员单位加强督促检查，指导各地区推动湖泊实施湖长制工作。各地区各有关部门要建立"一湖一档"，加强分类指导，完善监测监控，严格考核问责，实施湖泊生态环境损害责任终身追究制。要通过湖长公告、湖长公示牌、湖长 APP、微信公众号、社会监督员等多种方式加强社会监督。

河北省在健全河长组织体系的基础上，针对全省湖泊现状，将实施湖长制纳入全面推行河长制工作体系统筹推进。雄安新区分级分区设立了湖长，其中白洋淀设一名省级湖长。《河北省贯彻落实〈关于在湖泊实施湖长制的指导意见〉实施方案》要求，河北省对有湖泊行政区域设立的原各级总河长名称统一调整为总河（湖）长，在原湖泊设立的河长名称统一调整为湖长，在河长制体系中健全省、市、县、乡四级湖长体系。湖泊所在的市、县、乡要按照行政区域分级分区设立湖长，雄安新区也要分级分区设立湖长，落实属地管理责任，实行网格化管理，确保湖泊管理范围内每一块区域都有明确的责任主体。

湖长制已在浙江多地先期试点。2016 年年底，杭州就启动了湖长全覆盖工作，首次把湖泊明确划分为市级、县级和乡级三大类，西湖等 47 个规模湖泊和 9766 个池塘都配备了湖长或塘长。2017 年 12 月，浙江省 11 个设区市全部完成剿灭劣Ⅴ类水验收工作。

2018 年 7 月，浙江省就深化落实湖长制印发了《〈关于深化湖长制的实施意见〉的通知》，对全面深入推进湖长制做了明确要求：2018 年 7 月底前，全省要完成建立湖长制工作的考核验收。到 2020 年年底，主要湖泊（水库）水功能区水质进一步提升，湖泊（水库）饮用水水源水质全面达标；全省重要湖泊（水库）水质达到或优于Ⅲ类、水功能区水质达标率达 100%；1km² 以上湖泊、大中型水库完成管理范围划界；实现湖泊（水库）水域不萎缩、功能不衰减、生态不退化，全面建成湖泊（水库）健康保障体系。

河长制管住了大江大河，湖长制就要管好湖泊水库。在河长制的总体框架下，将湖泊水库纳入湖长制实施范围，浙江省建立了省、市、县、乡、村五级湖长体系，各级湖长由政府负责同志担任，水库湖长原则上由水库安全管理政府责任人担任。

浙江省还明确了实施湖长制的保障措施，要求各级党委和政府高度重视实施湖长制及时摸清湖泊（水库）基本情况，建立"一湖一档"，编制"一湖一策"方案，各级财政要加大资金保障支持力度，各地要加强湖泊（水库）管理保护的科技力度，提升管理保护水平，按照河长履职考核办法，将湖长履职纳入对应的河长制考核体系，考核结果作为领导干部综合考核评价的重要依据。

1.1.8　从河（湖）长制到美丽河湖建设

全面推行河（湖）长制，目的就是维护河湖健康生命，实现河湖功能的永续利用，为人民群众提供更多的、优美的生态环境产品。保护和改善河湖水生态环境，让老百姓用上清洁干净的水，享有河畅、水清、岸绿、景美的生产、生活环境，是关注民生、保障民生、改善民生的重要体现，是民之所望、施政所向。

浙江省是典型的江南水乡，江河湖泊贯穿城乡。近年来，在"八八战略"的指引下，全面推进生态省建设，特别是实施"五水共治"以来，"消除黑臭河""剿灭劣Ⅴ类"等工作取得明显成效，全省河湖水安全、水生态、水环境得到大幅提升，良好的河湖生态环境已成为最普惠的民生福祉与最具潜力的城乡绿色发展增长极。站在"高水平全面建设小康社会"的关键节点上，高标准建设美丽河湖是践行"两山"理念的生动实践，是夯实美丽浙江"大花园"生态底色的关键举措，是推进"乡村振兴"战略的重要抓手，更是广大人民群众的热切期盼。浙江省委、省政府深刻认识到美丽河湖建设在实施乡村振兴战略、大花园建设中的重要作用，是河（湖）长制从有"名"到有"实"的主要抓手，适时提出到2022年，在浙江省全域建成美丽河湖，基本形成全省"一村一溪一风景、一镇一河一风情、一城一江一风光"的全域大美河湖新格局。

江苏省苏州市以河（湖）长制为平台，以管好盛水的"盆"、护好"盆"中的水为核心，水岸同治、区域共治，让河湖靓起来，让水域美起来，打造生态美丽河湖，还百姓清水绿岸，真正实现"管得好"。

1. 美丽河湖的定义

美丽是使人看到或感到美好的一切；即在形式、比例、布局、风度、颜色或声音上接近完美或理想境界，使各种感官极为愉悦。

美丽河湖是指以河湖为中心，使人的所见所闻感到美好。河湖在安全流畅、生态健康、文化融入、管护高效、人水和谐等方面接近完美。

2. 美丽河湖建设的意义

党的十九大提出，要加快生态文明体制改革，努力建设美丽中国，把我国建设成为生态环境良好的国家。浙江省第十四次党代会提出，着力推进生态文明建设，开展美丽浙江建设行动，全方位推进环境综合治理和生态保护。加强美丽河湖建设，着力补齐防洪薄弱短板、保护与修复生态环境、彰显河湖人文历史、提升河岸景观品位、增强河湖管护能力，还老百姓清水绿岸、鱼翔浅底的景象，是河（湖）长制从有"名"到有"实"的重要举措，是我国生态文明建设的必要组成，更是广大人民群众的热切期盼。

以习近平新时代中国特色社会主义思想为指导，深入践行"两山"理论，助推乡村振兴，系统推进河湖综合治理，着力解决河湖突出问题，切实将优质河湖生态资源转化为绿色发展新动能，努力打造"水网相通、山水相融、城水相依、人水相亲"的河湖水环境，增强人民群众的幸福感、获得感、安全感。

3. 美丽河湖建设的基本原则

坚持规划引领。始终坚持规划先行，创新规划理念，改进规划方法，提高规划的科学性、实效性，在规划的引领、指导下全面推进河湖综合治理。

坚持因地制宜。针对山丘源头河流、平原河网水系、滨海入海河流及城镇河段、乡村河段、源头河段等的不同特点，分析问题和需求，因地制宜确定河段功能、布局和治理方式。

坚持安全为本。深入贯彻落实防灾减灾"两坚持三转变"新理念，补齐洪涝台短板，强化洪水蓄滞空间建设，把提升河湖行洪排涝能力和保护人民生命财产安全放在河湖治理的首要位置。

坚持生态优先。牢固树立尊重自然、顺应自然、保护自然的生态文明理念，加强河岸生态化建设与改造，注重河湖生态修复与管理保护，全面构建河湖自然连通的水网格局。

坚持系统治理。树立山水林田湖草是一个生命共同体的理念，综合施策、科学施策，高质量推进河湖全流域综合治理，营造人与自然和谐共生的河湖环境。

坚持文化特色。充分挖掘河湖水文化，与城乡文明建设紧密结合，突显本土化、个性化，将美丽河湖建成传承地方民俗风情的新节点、彰显地方历史文化的新载体。

坚持共享共管。以河湖现代化建设为导向，推动河湖大数据运用与管理，强化"智慧管水""智慧治水"的河湖管理基础设施建设。

4. 美丽河湖建设的要求

在规划阶段，应充分体现民生水利、资源水利和生态水利等现代化水利要求，积极践行多规融合，在保障流域防洪安全的基础上，充分发挥河湖的综合效益。尤其要加强中小河流规划阶段防洪保护区调查，合理确定防洪标准，留足洪水蓄滞空间，禁止小片区、非重要防护保护区高标准设防。积极开展河湖治理概念方案设计，充分梳理河湖沿线自然、人文、产业等要素，分析问题与社会服务需求，挖掘凝练河湖特色定位和目标任务，分类展示河流湖泊安全提升、生态修复、管护设施、亲水便民设施、文化设施等布局，对滨水公园等重要节点和滨水慢行系统、植物等重要专项进行概念设计，规模较大的河流宜根据情况实施河段逐段细化，不应将概念方案编制成纯粹的景观设计方案。

在可研初设阶段，应按照河流规划、概念方案有关要求，进行系统设计。禁止未做防洪、生态、文化和社会服务需求等深入调查就仓促开展设计工作，不应将河湖治理设计简单地归结为堤岸、堰坝工程或景观工程的设计。在相关规程的基础上根据实际需要调整和增加章节内容,治理措施可分为河湖防洪安全、生态保护和修复、管护、亲水便民、文化等水利措施,超出水利功能和河湖管理范围的景观提升、水污染防治、市政配套等作为非水利措施。进一步重视地勘、测量工作,可借助无人机等作为查勘、设计的辅助手段。农业综合开发、土地整理、小城镇建设等项目涉及河道整治的,项目所在县(市、区)水行政主管部门要加强行业监管和指导服务。

在工程建设阶段,应按照"高水平、高质量"建设美丽河湖要求,加强工程质量安全管理,建立健全质量检查制度,及时发现问题并落实整改措施,加快推进工程建设和验收工作,积极鼓励各地采用公私合营模式(public private partnership,PPP)模式、设计采购施工(engineering procurement construction,EPC)总承包模式提高工程建设管理水平。施工过程中应加强生态保护工作,落实各项保护措施,减少机械化施工对生态的破坏,保护与修复好岸坡植被、滩地、滩林、卵石滩等生态资源,尽量避开动植物生长、繁衍等敏感期进行施工。

在评估阶段,根据河湖情况应安排在可研初设阶段前和美丽河湖建设完成后两个时段进行。对河湖的评估要依据各地制定的美丽河湖评估标准(如浙江省制定了省级美丽河湖验收标准,参见附录四),为提高评估质量,在评估时要构建合理的评估体系,评估专家要具有代表性,一般应由水利、环境、生态、水文化等方面的专家和该河湖的河(湖)长组成。

1.2　河(湖)长制的目标

河(湖)长制的最终目标是建立河湖治理和保护的长效机制。实行河(湖)长制,可进一步落实地方党委和政府对河湖管理保护的主体责任,做到守土有责。以河(湖)长制为平台加强部门联动,可有效解决涉水管理职能分散、交叉的不足,形成河湖管理保护的合力。同时,积极吸纳社会群众参与,有利于建立全民关注河湖、保护河湖的良好局面,着力解决侵占河道、围垦湖泊、非法采砂、污染水体、电鱼毒鱼等制约河湖保护的突出问题。

1.2.1　河(湖)长制的指导思想

河(湖)长制是一种工作机制,必须以党政领导、部门联动为基础,建立健全以党政领导负责制为核心的责任体系，明确各级河长职责，强化工作措施，协调各方力量，形成一级抓一级、层层抓落实的工作格局；必须以生态优先、绿色发展为理念，牢固树立尊重自然、顺应自然、保护自然的理念，处理好河湖管理保护与开发利用的关系，强化规划约束，促进河湖休养生息、维护河湖生态功能；以问题导向、因地制宜的工作方法，立足不同地区不同河湖实际，统筹上下游、左右岸，实行一河一策、一湖一策，解决好河湖管理保护的突出问题；以强化监督、严格考核的管理手段，依法治水管水，建立健全河湖管理保护监督考核和责任追究制度，拓展公众参与渠道，营造全社会共同关心和保护河湖的良好氛围。

【案例 1-1】　浙江省河长制的指导思想

贯彻落实党中央国务院决策部署和省委省政府治水要求，坚定不移走"绿水青山就是金山银山"之路，以问题为导向，以生态优先、绿色发展为指引，全面深化落实河长制，构建党政同责、部门联动、职责明确、统筹有力、水岸同治、监管严格的治水机制；围绕水污染防治、水环境治理、水资源保护、水域岸线管理保护、水生态修复、执法监管等方面主要任务，全面推进"山水林田湖"综合治理，打造"浙江最美河流"；以更高的要求、更严的标准、更实的举措，按照"系统化、制度化、专业化、信息化、社会化"要求，全力打造我省河长制工作升级版。

【案例 1-2】　江西省河长制的指导思想

江西省河长制的指导思想为：全面贯彻党的十八大和十八届三中、四中、五中、六中全会精神，深入贯彻习近平总书记系列重要讲话特别是视察江西时的重要讲话精神，紧紧围绕建设富裕美丽幸福江西，坚持节水优先、空间均衡、系统治理、两手发力，以保护水资源、防治水污染、改善水环境、修复水生态为主要任务，在全省境内河流水域全面推行河长制，构建责任明确、协调有序、监管严格、保护有力的河湖管理保护机制，为维护河湖健康生命、实现河湖功能永续利用提供制度保障。

【案例 1-3】　重庆市河长制的指导思想

全面贯彻党的十八大和十八届三中、四中、五中、六中全会精神，深入贯彻习近平总书记系列重要讲话精神和治国理政新理念新思想新战略，全面落实习近平总书记视察重庆时的重要讲话精神，统筹推进"五位一体"总体布局和协调推进"四个全面"战略布局，牢固树立和贯彻落实新发展理念，落实"把修复长江生态环境摆在压倒性位置""共抓大保护，不搞大开发"的指示精神，坚持节水优先、空间均衡、系统治理、两手发力，深化拓展五大功能区域发展战略，严守"五个决不能"底线，以保护水资源、管控水岸线、防治水污染、改善水环境、修复水生态、实现水安全为主要任务，在全市河库全面推行河长制，构建责任明确、协调有序、监管严格、保护有力的河库管理保护机制，为构筑长江上游重要生态屏障、维护全市河库健康生命、实现河库功能永续利用提供制度保障，使重庆成为山清水秀美丽之地。

1.2.2　河（湖）长制的目标

（1）建立健全河（湖）长体系。建立健全河（湖）长体系，实现辖区内江河湖泊长全覆盖，并尽可能延伸到沟、渠、溪、塘等小微水体。很多省建立了全省、市、县（市、区）、乡镇（街道）、村（社区）五级河（湖）长体系。

（2）建立健全河（湖）长工作机制。在上级河（湖）长要求的前提下，建立健全符合本辖区实际的河（湖）长工作机制，如《河（湖）长会议制度》《河（湖）长工作督察制度》《河（湖）长工作信息通报制度》等。

（3）明确的河（湖）长工作目标。结合上级河（湖）长的要求，根据本级河（湖）长的职责范围，明确工作目标，工作目标应该包括总体目标和阶段性目标。

【案例 1-4】　浙江省河（湖）长制的目标

2017 年 6 月底前，建立健全省、市、县（市、区）、乡镇（街道）、村（社区）五级河长体系，实现江河湖泊河长全覆盖，并延伸到沟、渠、溪、塘等小微水体。

到 2017 年年底，按照《浙江省劣Ⅴ类水剿灭行动方案》要求，全省河湖库塘及小微水体全面消除劣Ⅴ类水。

到 2020 年，全省用水总量控制在 224 亿 m³ 以内；全省万元地区生产总值用水量、万元工业增加值用水量比 2015 年分别下降 23%、20% 以上；全省设区城市全部达到国家节水型城市标准、2/3 的县（市、区）达到节水型社会建设标准。地表水省控断面达到或优于Ⅲ类水质比例达到 80% 以上。重要江河湖泊水功能区水质达标率提高到 80% 以上。全面完成县级及以上河道管理范围划界；实现县级及以上河道基本无违法建筑物。基本建成河湖健康保障体系，实现河湖水域不萎缩、功能不衰减、生态不退化；保持河流、湖泊、池塘、沟渠等各类水域水体洁净，实现环境整洁优美、水清岸绿。

一、加强水污染防治

1. 工业污染整治

2017年整治500家对水环境影响较大的落后企业、加工点、作坊；淘汰落后和严重过剩产能涉及企业1000家，淘汰和整治"脏乱差、低小散"问题企业（作坊）10000家。所有工业集聚区按规定建成污水集中处理设施，并安装自动在线监控装置。鼓励工业集聚区自行配套建设危险废物处置设施，安装视频监控设备。2018年年底前，各设区市要实现危险废物的"市域自我平衡"目标。逾期未完成的，一律暂停审批和核准其增加危险废物的建设项目，并依照有关规定撤销其园区资格。

加强交通运输业污染管理。督促高速公路经营单位落实服务区污水治理主体责任，做好截污纳管和污水处理工作，到2020年，全省高速公路服务区实现污水的稳定达标排放。严格执行船舶污染物排放标准，限期淘汰污染物排放不达标的运输船只。落实全省内河港口、码头污染防治治理方案，到2020年，内河港口、码头全部达到治理要求。

2. 农业农村面源治理

推进畜牧业转型升级，严格执行禁限养区制度和畜禽养殖区域与污染物排放总量"双控制"制度。

2017年全省存栏生猪当量50头以上养殖场全部实现在线智能化防控并纳入当地监管平台。到2020年全省畜禽排泄物资源化利用率达97％以上。集成推广主要农作物测土配方施肥、有机肥替代、统防统治和绿色防控等技术，持续推进化肥农药减量增效行动，2017年，化肥减量2万t，农药减量500t。到2020年推广商品有机肥100万t。加快县级及以上水域滩涂水产养殖规划编制与发布，明确禁限养区和可养区，对不符合养殖水域规划的网箱养殖和温室甲鱼等，进行专项整治和清退。开展水产养殖尾水达标排放改造试点工程。鼓励生态养殖，2017年，实施养殖塘生态化改造和稻鱼共生轮作等生态养殖面积10万亩，到2020年构建生产与生态相协调、安全与高效相结合、管理和服务相同步的现代生态渔业。2017年农村生活垃圾集中收集处置基本实现全覆盖，生活垃圾分类处理建制村覆盖率达到30％，到2020年农村生活垃圾分类处理建制村覆盖率达到50％以上，逐步实现城乡环卫一体化。2017年完成农村生活污水处理设施提标改造工程1777个村。

3. 城镇污染治理

2017 年，全省县以上城市污水处理率达到 92%，所有污水处理厂出水水质全部执行一级 A 标准并稳定达标排放。全省新增城镇污水配套管网 3000km，新扩建城镇污水处理厂 25 座，城镇污水处理厂一级 A 提标改造 48 座。加强现有雨污合流管网的分流改造，新建城区实现雨污全分流。到 2020 年，全省县城以上城市建成区污水基本实现全收集。

4. 河湖库塘清淤

科学有序清淤，加强淤泥重金属和有机毒物等指标的检测，遵循无害化、减量化、资源化的原则，合理处置和利用淤泥。加强淤泥清理、排放、运输、处置的全过程管理，避免造成二次污染。2017 年，完成河湖库塘清淤 8000 万 m^3，完成河道清淤整治 2000km。到 2020 年，完成河湖库塘清淤 2.1 亿 m^3，平原河网基本建成河道清淤轮疏长效机制。

5. 排污口整治

加强入河湖排污口监管，严格控制入河湖排污总量。2017 年，完成 30 个工业集聚区污水"零直排"整治，开展 20 个城市居住小区生活污水"零直排"整治。加强入河排污口设置审核，依法规范入河排污口设置。未依法办理审核手续的，限期补办手续；对可以保留但需整改的，提出整改意见并加强监管。2017 年，建立入河排污口信息管理系统，全面公布依法依规设置的入河排污口名单信息。到 2020 年，全面取缔和清理非法或设置不合理的入河排污口。

二、加强水资源保护

1. 落实最严格水资源管理制度

实行水资源消耗总量和强度双控行动，严格建设项目水资源论证和取水许可管理，严格限制发展高耗水项目，抑制不合理用水需求。健全取用水总量控制指标体系，2017 年用水总量控制在 202 亿 m^3。到 2020 年控制在 224 亿 m^3。

2. 全面开展节水型社会建设

第一批 28 个县（市、区）启动提升工程，推进第二批 20 个县（市、区）节水型社会建设，其他县（市、区）全面启动。到 2020 年，设区城市全部达到国家节水型城市标准要求。全省超过 60 个县（市、区）完成节水型社会达标建设。

3. 加强水源保护

建立饮水水源安全保障机制，完善风险应对预案，采取环境治理、生态修复等综合措施，保障饮用水水源地水质要求。实施农村饮水安全巩固提升工程，提高农村饮水安全水平。到 2020 年，列入全国重要饮用水水源地名录的水源地全部实现在线监测。单一水源供水的地级市完成双（多）水源或应急备用水源建设。饮用水源保护区实行物理或生物隔离，创建规范化饮用水源保护区。

三、加强河湖管理保护

1. 严格河湖岸线空间管控

推进河湖管理范围划界确权工作，到 2020 年，全面完成县级及以上河道管理范围划界。推进重要江河水域岸线保护利用管理规划编制。严格河湖岸线空间管控，进一步规范内河港口岸线使用审批管理。到 2020 年全省主要河湖分级制订《水域岸线保护与开发利用总体规划》。

2. 严格水域管理

建立完善建设项目水域补偿机制，严禁建设项目非法占用水域，到 2020 年，县级以上河道违法建筑全面拆除。实施拓浚河道、拆违还江，增加水域面积，到 2020 年新增水域面积 $100km^2$。

3. 规范河道采砂

强化河湖采砂管理，健全采砂管理机构，按照管理权限科学编制采砂规划，划定重要河湖禁采区。依法加强监管，严禁非法采砂。

4. 推进标准化管理

开展河长制工作标准体系建设，以标准规范推进治水。制订和完善城镇自来水厂运行管理、城镇污水处理厂运行管理和农村污水处理设施运维管理等标准。制订入河排污口管理标准、农牧生产排放标准、水产养殖尾水排放标准。全面推进水利工程标准化管理，完善城镇自来水厂运行、城镇污水处理厂运行标准化管理，开展农村污水处理设施运维标准化管理试点；到 2020 年，完成 10000 处水利工程标准化管理创建，日处理能力 30t 及以上农村生活污水处理设施运维标准化管理达 50%。

四、加强水环境治理

1. 强化水环境目标

按照全省水环境功能区目标要求确定各类水体的水质保护目标，到 2017 年年底全面消除劣 V 类水。到 2020 年，地表水省控断面达到或优于 III 类水质比例、地表水交接断面水质达标率均达到 80%。

2. 提升河道水环境改造

实施河湖绿道、景观绿带、堤防闸坝水环境治理等工程。开展河湖水环境综合整治，创建以河湖或水利工程为依托的国家水利风景区8处，实现河湖环境整洁优美、水清岸绿。

3. 巩固"清三河"成效

强化"清三河"长效机制的执行力度，严防垃圾河、黑河、臭河反弹。全面实施"剿灭劣Ⅴ类水行动"，不断加强河湖水面保洁工作，保持河湖库塘等各类水体洁净。加强河道保洁长效管理，健全河道保洁长效机制。2017年，全面剿灭劣Ⅴ类水。

五、加强水生态修复

1. 加强源头保护

科学设置生态环境功能区、划定生态保护红线，健全河湖源头保护和生态补偿机制。加大河湖源头水土流失防治和生态保护综合治理以及生态修复力度。

2. 加强水量调度管理

完善江河湖库水量调度方案，科学调度生态流量，确定并维持河湖库塘一定的基础水面率，保障河道断面水生态环境合理流量和湖泊、水库的合理生态水位。建立蓝藻监测、预警、应急机制，通过科学配水等手段，及时遏制和消除蓝藻水华异常增殖。

3. 提高防洪排涝和水系流畅能力

加快推进"百项千亿"防洪排涝工程建设，积极实施平原河网引配水工程，加强中小河流治理和水系连通。拆除清理堵坝、坝埂等阻水障碍，打通"断头河"，拓宽"卡脖河"，加强河湖水系的循环流动，恢复水体自净和生态修复能力。到2020年，完成六江固堤、五原扩排，完成河道清淤整治8000km。

4. 加强森林湿地保护

持续推进平原绿化行动和新植一亿株珍贵树行动。在河湖沿岸大力开展绿化造林，实施封山育林，改善河湖生态环境。禁止侵占河湖、湿地等水源涵养空间。到2020年，全省森林覆盖率达61%，湿地保护面积稳定在111万 hm^2 以上。

5. 加强水生生物资源养护

科学开展水生生物增殖放流，严厉打击电毒炸鱼等违法行为，保护水生生物多样性，充分发挥水生生物净化调节水体功能。到 2020 年共增殖放流各类水生生物苗种 12 亿单位。

6. 推进河道综合整治，构建江河生态廊道

结合城市防洪工程建设、河道堤防提标加固、沿河村镇环境改造、小流域综合治理、休闲旅游设施建设，逐步推进全省各流域河道综合治理。通过水系联通、水岸环境整治及基础设施配套，建设生态河流、防洪堤坝、健身绿道、彩色林带，有机串联沿线的特色村镇、休闲农园、文化古迹和自然景观，着力构筑集生态保护、休闲观光、文化体验、绿色产业于一体的流域生态廊道。到 2020 年完成一条省级河道的生态廊道建设。

六、加强执法监管

1. 完善治水工作法规制度

完善涉水建设项目管理、水域和岸线保护、水污染防治、水生态环境保护等法规制度体系，做到治水工作有法可依、有法必依、执法必严、违法必究。

2. 提高执法监管能力

建立水域日常监管巡查制度，实行水域动态监管。落实水域管理、保护、监管、执法责任主体、人员、设备和经费。运用先进技术手段，对重点水域、重点污染防控区、重点排污河段、重要堤防、大型水利工程、跨界河湖节点等进行视频实时监控。推进全省河湖监管信息系统建设，逐步实现河湖监管信息化。

3. 加强日常河湖管理保护监管执法

各有关部门应切实履行涉及河湖管理保护的行政职能，需要联合执法的，由主管部门组织，有关部门或单位应积极配合。完善行政执法与刑事司法衔接机制，严厉打击涉河湖违法行为，坚决清理整治非法排污、取排水、设障、捕捞、养殖、采砂、采矿、围垦、侵占水域岸线、涉水违建等活动。

【案例 1-5】 浙江省湖州市河（湖）长制的目标

一、目标要求

紧紧围绕市委、市政府"五水共治""夺鼎、提标、剿彻底、防反弹"目标要求，综合实施"截、清、活、洁、护、调"六大举措，深化落实河（湖）长制，助力剿灭劣Ⅴ类水体，全面提升河湖水环境质量，确保重要江河湖泊水功能区水质达标率达到 90% 以上。

二、六大行动

1. 截污行动

以长兴县试点为引领，全面开展入河排污口管控工作。主要是以 2016 年市治水办开展的入河排污口"标识专项行动"数据为基础，进一步排查全市入河排污口，对污水处理厂排污口、环保部门核准同意依法依规设置的工业企业排污口进行审核登记。运用浙江省建立的入河排污口信息管理系统，完成入河排污口基础资料的录入和更新维护工作，公布入河排污口名单，全面实行入河排污口"身份证"管理，提高监管水平。建立水利部门与环保部门的沟通协调机制，定期将排查出的非法入河排污口移送环保部门进行整治，坚决予以取缔或整治达标排放。

2. 清淤行动

按照"以铁军精神涤荡一切污泥浊水""坚决不把污泥浊水带入全面小康"的部署要求，继续大力实施河湖库塘清淤，着力消除劣 V 类水体污染病灶，恢复水域原有功能。找准全市 4733 个劣 V 类小微水体及所在河道和可能影响的水域，加快实施清淤，确保完成河道清淤 520km、1100 万 m³。会同当地环保部门，落实好"清前、清中、清后"全过程的淤泥检测和淤泥处置全过程监管。重污染淤泥，一律采取无害化处置，坚决防止二次污染。同时，加强对河湖淤泥情况的监测，研究回淤规律，逐步建立轮疏工作机制，着力实现河湖库塘淤疏动态平衡，确保"有淤常疏、清水常流"。

3. 活水行动

实施生态配水与修复工程，打通断头河，逐步恢复坑塘、河湖、湿地等各类水体的自然连通，增强水体流动性，提高水体自净能力，构建良好的水生态系统。主要是以 4733 处劣 V 类水体所在水系为重点，深入研究谋划水系沟通治理项目，争取列入重点水利工程、中小流域系统治理项目和农村河道连片整治项目，争取资金加快实施。在安排河道治理项目时，要紧紧围绕美丽乡村建设，连线成片打造水环境优美村。要继续融入生态理念、景观文化要素，打造一批更高标准的生态示范河道。

4. 洁水行动

严格落实市、县河道保洁长效管理有关规定，深化落实河（湖）长制，逐条河道、逐个湖漾明确保洁责任主，落实保洁人员，加大资金投入，保障河道保洁的高标准和全覆盖。创新河道保洁市场化、社会化、一体化模式，通过成立国有保洁公司、委托第三方、购买社会服务等形式，切实提高保洁的专业化、规范化水平通过人工检查、视频监控、无人机航拍等多种手段，加强保洁工作的监督检查，结果作为"河长"考评和河道保洁资金分配的重要依据，充分调动各级的积极性，提高保洁实效。

5. 护水行动

制定水域岸线利用规划，大力推进河湖管理范围划界确权工作，明确管理界线，严格管理涉河开发建设行为，保证水面率不下降。以"无涉水违建县"创建为主要载体，深入开展涉水"三改一拆"执法检查，严厉查处各类"涉水违建"行为，2017年要实现省级及市级70%以上河道基本无违建。加强河道管理立法前期调研，为河道精细化管理和执法提供依据。健全完善水政执法与综合执法部门联动机制，严厉查处非法设障、围网养殖、采砂围垦侵占水域岸线等行为。

6. 调水行动

通过挖掘现有水利工程调蓄潜能，科学调度水库等水利工程，增加下游地区水资源补给，通过"引丰补枯、引清释浊"改善水环境，提升水质、维护河湖生态健康。针对4733处劣V类水体所在水系，考虑2017年可能发生的盛夏高温干旱天气，提前研究谋划一批区域间应急调水措施，大力实施引水入城、引水入村工程调度，全面消劣。

【案例1-6】 浙江省湖州市德清县河（湖）长制的目标

一、目标要求

紧紧围绕县委、县政府"五水共治""夺鼎、提标、剿彻底、防反弹"目标要求，综合实施"截、清、活、洁、护、调"六大行动，深化落实河（湖）长制，助力剿灭劣V类水体，全面提升河湖水环境质量，确保重要江河湖泊水功能区水质达标率达到90%以上。

二、六大行动

1. 截污行动

全面开展入河排污口管控工作。主要是以县治水办开展的入河排污口"标识专项行动"数据为基础，进一步排查全县入河排污口，对污水处理厂排污口、环保部门核准同意依法依规设置的工业企业排污口进行审核登记。运用省建立的入河排污口信息管理系统，完成入河排污口基础资料的录入和更新维护工作，公布入河排污口名单，全面实行入河排污口"身份证"管理，提高监管水平。建立水利部门与环保部门的沟通协调机制，定期将排查出的非法入河排污口移送环保部门进行整治，坚决予以取缔或整治达标排放。

2. 清淤行动

按照"坚决不把污泥浊水带入全面小康"的部署要求，继续大力实施河湖库塘清淤，着力消除劣Ⅴ类水体污染病灶，恢复水域原有功能。找准全县 339 个劣Ⅴ类小微水体及所在河道和可能影响的水域，加快实施清淤，确保完成河道清淤 500km、1000 万 m³。会同当地环保部门，落实好"清前、清中、清后"全过程的淤泥检测和淤泥处置全过程监管。重污染淤泥，一律采取无害化处置，坚决防止二次污染。同时，加强对河湖淤泥情况的监测，研究回淤规律，逐步建立轮疏工作机制，着力实现河湖库塘淤疏动态平衡，确保"有淤常疏、清水常流"。

3. 活水行动

实施生态配水与修复工程，打通断头河，逐步恢复河湖、库塘、湿地等各类水体的自然连通，增强水体流动性，提高水体自净能力，构建良好的水生态系统。主要是以 339 处劣Ⅴ类水体所在水系为重点，深入研究谋划水系沟通治理项目，争取列入重点水利工程、中小流域系统治理项目和农村河道连片整治项目，争取资金加快实施。在安排河道治理项目时，要紧紧围绕美丽乡村建设，连线成片打造水环境优美村。要继续融入生态理念、景观文化要素，打造一批更高标准的生态示范河道。

4. 洁水行动

严格落实河道保洁长效管理有关规定，继续做好"一把扫帚扫到底"工作，深化落实河长制，逐条河道、逐个湖漾明确保洁责任主体，落实保洁人员，加大资金投入，保障河道保洁的高标准和全覆盖。创新河道保洁市场化、社会化一体化模式，通过对外招标、委托第三方、购买社会服务等形式切实提高保洁的专业化、规范化水平。通过人工检查、视频监控、无人机航拍等多种手段，加强保洁工作的监督检查，结果作为"河长"考评和河道保洁资金分配的重要依据，充分调动各级的积极性，提高保洁实效。

5. 护水行动

制定水域岸线利用规划，大力推进河湖管理范围划界确权工作，明确管理界线，严格管理涉河开发建设行为，保证水面率不下降。以"无涉水违建县"创建为主要载体，深入开展涉水"三改一拆"执法检查，严厉查处各类"涉水违建"行为，2017年要实现省级及市级70％以上河道基本无违建。加强河道管理立法前期调研，为河道精细化管理和执法提供依据。健全完善水政执法与综合执法部门联动机制，严厉查处非法设障、围网养殖、采砂、围垦侵占水域岸线等行为。

6. 调水行动

通过挖掘现有水利工程调蓄潜能，科学调度水库等水利工程，增加下游地区水资源补给，通过"引丰补枯、引清释浊"改善水环境、提升水质、维护河湖生态健康。针对339处劣V类水体所在水系，考虑2017年可能发生的盛夏高温干旱天气，提前研究谋划一批区域间应急调水措施，大力实施引水入城、引水入村工程调度，全面消除劣V类水体。

1.3　河（湖）长制的部署

1.3.1　全国河（湖）长制的部署

1.3.1.1　党中央、国务院的要求

河湖管理保护是一项复杂的系统工程，涉及上下游、左右岸、不同行政区域和行业。近年来，一些地区积极探索河长制，由党政领导担任河长，依法依规落实地方主体责任，协调整合各方力量，有力促进了水资源保护、水域岸线管理、水污染防治、水环境治理等工作。全面推行河长制是落实绿色发展理念、推进生态文明建设的内在要求，是解决我国复杂水问题、维护河湖健康生命的有效举措，是完善水治理体系、保障国家水安全的制度创新。为进一步加强河湖管理保护工作，落实属地责任，健全长效机制，中共中央办公厅、国务院办公厅于2016年12月印发了《关于全面推行河长制的意见》。

《关于全面推行河长制的意见》中明确提出河长制的指导思想为：全面贯彻党的十八大和十八届三中、四中、五中、六中全会精神，深入学习贯彻习近平总书记系列重要讲话精神，紧紧围绕统筹推进"五位一体"总体布局和协调推进"四个全面"战略布局，牢固树立新发展理念，认真落实党中央、国务院决策部署，坚持节水优先、空间均衡、系统治理、两手发力，以保护水资源、防

治水污染、改善水环境、修复水生态为主要任务，在全国江河湖泊全面推行河长制，构建责任明确、协调有序、监管严格、保护有力的河湖管理保护机制，为维护河湖健康生命、实现河湖功能永续利用提供制度保障。

《关于全面推行河长制的意见》中明确提出河长制的基本原则为"四个坚持"：

（1）坚持生态优先、绿色发展。牢固树立尊重自然、顺应自然、保护自然的理念，处理好河湖管理保护与开发利用的关系，强化规划约束，促进河湖休养生息、维护河湖生态功能。

（2）坚持党政领导、部门联动。建立健全以党政领导负责制为核心的责任体系，明确各级河长职责，强化工作措施，协调各方力量，形成一级抓一级、层层抓落实的工作格局。

（3）坚持问题导向、因地制宜。立足不同地区不同河湖实际，统筹上下游、左右岸，实行一河一策、一湖一策，解决好河湖管理保护的突出问题。

（4）坚持强化监督、严格考核。依法治水管水，建立健全河湖管理保护监督考核和责任追究制度，拓展公众参与渠道，营造全社会共同关心和保护河湖的良好氛围。

《关于全面推行河长制的意见》中明确提出"全面建立省、市、县、乡四级河长体系"。各省（自治区、直辖市）设立总河长，由党委或政府主要负责同志担任；各省（自治区、直辖市）行政区域内主要河湖设立河长，由省级负责同志担任；各河湖所在市、县、乡均分级分段设立河长，由同级负责同志担任。县级及以上河长设置相应的河长制办公室，具体组成由各地根据实际确定。

《关于全面推行河长制的意见》中明确提出河长制的工作职责为：各级河长负责组织领导相应河湖的管理和保护工作，包括水资源保护、水域岸线管理、水污染防治、水环境治理等，牵头组织对侵占河道、围垦湖泊、超标排污、非法采砂、破坏航道、电毒炸鱼等突出问题依法进行清理整治，协调解决重大问题；对跨行政区域的河湖明晰管理责任，协调上下游、左右岸实行联防联控；对相关部门和下一级河长履职情况进行督导，对目标任务完成情况进行考核，强化激励问责。河长制办公室承担河长制组织实施具体工作，落实河长确定的事项。各有关部门和单位按照职责分工，协同推进各项工作。

《关于全面推行河长制的意见》中明确提出河长制的"六大任务"，具体如下：

（1）加强水资源保护。落实最严格水资源管理制度，严守水资源开发利用控制、用水效率控制、水功能区限制纳污三条红线，强化地方各级政府责任，严格考核评估和监督。实行水资源消耗总量和强度双控行动，防止不合理新增取水，切实做到以水定需、量水而行、因水制宜。坚持节水优先，全面提高用水效率，水资源短缺地区、生态脆弱地区要严格限制发展高耗水项目，加快实施农业、工业和城乡节水技术改造，坚决遏制用水浪费。严格水功能区管理监督，根据水功能区划确定河流水域纳污容量和限制排污总量，落实污染物达标排放要求，切实监管入河湖排污口，严格控制入河湖排污总量。

（2）加强河湖水域岸线管理保护。严格水域岸线等水生态空间管控，依法划定河湖管理范围。落实规划岸线分区管理要求，强化岸线保护和节约集约利用。严禁以各种名义侵占河道、围垦湖泊、非法采砂，对岸线乱占滥用、多占少用、占而不用等突出问题开展清理整治，恢复河湖水域岸线生态功能。

（3）加强水污染防治。落实《水污染防治行动计划》，明确河湖水污染防治目标和任务，统筹水上、岸上污染治理，完善入河湖排污管控机制和考核体系。排查入河湖污染源，加强综合防治，严格治理工矿企业污染、城镇生活污染、畜禽养殖污染、水产养殖污染、农业面源污染、船舶港口污染，改善水环境质量。优化入河湖排污口布局，实施入河湖排污口整治。

（4）加强水环境治理。强化水环境质量目标管理，按照水功能区确定各类水体的水质保护目标。切实保障饮用水水源安全，开展饮用水水源规范化建设，依法清理饮用水水源保护区内违法建筑和排污口。加强河湖水环境综合整治，推进水环境治理网格化和信息化建设，建立健全水环境风险评估排查、预警预报与响应机制。结合城市总体规划，因地制宜建设亲水生态岸线，加大黑臭水体治理力度，实现河湖环境整洁优美、水清岸绿。以生活污水处理、生活垃圾处理为重点，综合整治农村水环境，推进美丽乡村建设。

（5）加强水生态修复。推进河湖生态修复和保护，禁止侵占自然河湖、湿地等水源涵养空间。在规划的基础上稳步实施退田还湖还湿、退渔还湖，恢复河湖水系的自然连通，加强水生生物资源养护，提高水生生物多样性。开展河湖健康评估。强化山水林田湖系统治理，加大江河源头区、水源涵养区、生态敏感区保护力度，对三江源区、南水北调水源区等重要生态保护区实行更严格的保护。积极推进建立生态保护补偿机制，加强水土流失预防监督和综合整治，建设生态清洁型小流域，维护河湖生态环境。

（6）加强执法监管。建立健全法规制度，加大河湖管理保护监管力度，建立健全部门联合执法机制，完善行政执法与刑事司法衔接机制。建立河湖日常监管巡查制度，实行河湖动态监管。落实河湖管理保护执法监管责任主体、人员、设备和经费。严厉打击涉河湖违法行为，坚决清理整治非法排污、设障、捕捞、养殖、采砂、采矿、围垦、侵占水域岸线等活动。

《关于全面推行河长制的意见》中明确提出河长制的"四大保障"，具体如下：

（1）加强组织领导。地方各级党委和政府要把推行河长制作为推进生态文明建设的重要举措，切实加强组织领导，狠抓责任落实，抓紧制定出台工作方案，明确工作进度安排，到2018年年底前全面建立河长制。

（2）健全工作机制。建立河长会议制度、信息共享制度、工作督察制度，协调解决河湖管理保护的重点难点问题，定期通报河湖管理保护情况，对河长制实施情况和河长履职情况进行督察。各级河长制办公室要加强组织协调，督促相关部门单位按照职责分工，落实责任，密切配合，协调联动，共同推进河湖管理保护工作。

（3）强化考核问责。根据不同河湖存在的主要问题，实行差异化绩效评价考核，将领导干部自然资源资产离任审计结果及整改情况作为考核的重要参考。县级及以上河长负责组织对相应河湖下一级河长进行考核，考核结果作为地方党政领导干部综合考核评价的重要依据。实行生态环境损害责任终身追究制，对造成生态环境损害的，严格按照有关规定追究责任。

（4）加强社会监督。建立河湖管理保护信息发布平台，通过主要媒体向社会公告河长名单，在河湖岸边显著位置竖立河长公示牌，标明河长职责、河湖概况、管护目标、监督电话等内容，接受社会监督。聘请社会监督员对河湖管理保护效果进行监督和评价。进一步做好宣传舆论引导，提高全社会对河湖保护工作的责任意识和参与意识。

1.3.1.2 水利部、原环境保护部的部署

我国江河湖泊众多，水系发达，保护江河湖泊，事关人民群众福祉，事关

中华民族长远发展。习近平总书记作出重要指示，强调生态文明建设是"五位一体"总体布局和"四个全面"战略布局的重要内容，要求各地区各部门切实贯彻新发展理念，树立"绿水青山就是金山银山"的强烈意识，努力走向社会主义生态文明新时代。李克强总理批示指出，生态文明建设事关经济社会发展全局和人民群众切身利益，是实现可持续发展的重要基石。全面推行河长制，是党中央、国务院为加强河湖管理保护作出的重大决策部署，是落实绿色发展理念、推进生态文明建设的内在要求，是解决我国复杂水问题、维护河湖健康生命的有效举措，是完善水治理体系、保障国家水安全的制度创新。为贯彻落实《中共中央办公厅国务院办公厅印发〈关于全面推行河长制的意见〉的通知》，水利部、原环境保护部制定了《贯彻落实〈关于全面推行河长制的意见〉实施方案》。

1. 总体要求

各地要深刻认识全面推行河长制的重要性和紧迫性，切实增强使命感和责任感，扎实做好全面推行河长制的工作，做到工作方案到位、组织体系和责任落实到位、相关制度和政策措施到位、监督检查和考核评估到位，确保到2018年年底前，全面建立省、市、县、乡四级河长体系，为维护河湖健康生命、实现河湖功能永续利用提供制度保障。

2. 制订工作方案

各地要抓紧编制工作方案，细化工作目标、主要任务、组织形式、监督考核、保障措施，明确时间表、路线图和阶段性目标。重点做好以下工作：

（1）确定河湖分级名录。根据河湖的自然属性、跨行政区域情况，以及对经济社会发展、生态环境影响的重要性等，各省（自治区、直辖市）要抓紧提出需由省级负责同志担任河长的主要河湖名录，督促指导各市、县尽快提出需由市、县、乡级领导分级担任河长的河湖名录。大江大河、中央直管河道流经各省（自治区、直辖市）的河段，也要分级分段设立河长。

（2）明确河长制办公室。抓紧提出河长制办公室设置方案，明确牵头单位和组成部门，搭建工作平台，建立工作机制。

（3）细化实化主要任务。围绕《关于全面推行河长制的意见》提出的水资源保护、水域岸线管理保护、水污染防治、水环境治理、水生态修复、执法监管等任务，结合当地实际，统筹经济社会发展和生态环境保护要求，处理好河湖管理保护与开发利用的关系，细化实化工作任务，提高方案的针对性、可操作性。

（4）强化分类指导。坚持问题导向，因地制宜，着力解决河湖管理保护突出问题。对江河湖泊，要强化水功能区管理，突出保护措施，特别要加大江河源头区、水源涵养区、生态敏感区和饮用水水源地保护力度，对水污染严重、水生态恶化的河湖要加强水污染治理、节水减排、生态保护与修复等。对城市河湖，要处理好开发利用与保护的关系，维护水系完整性和良好生态，加大黑臭水体治理；对农村河道，要加强清淤疏浚、环境整治和水系连通。要划定河湖管理范围，加强水域岸线管理和保护，严格涉河建设项目和活动监管，严禁侵占水域空间，整治乱占滥用、非法养殖、非法采砂等违法违规活动。

（5）明确工作进度。各省（自治区、直辖市）要抓紧制定出台工作方案，并指导、督促所辖市、县出台工作方案。其中，北京、天津、江苏、浙江、安徽、福建、江西、海南等已在全省（自治区、直辖市）范围内实施河长制的地区，要尽快按《关于全面推行河长制的意见》要求修（制）订工作方案，2017年6月底前出台省级工作方案，力争2017年年底前制定出台相关制度及考核办法，全面建立河长制。其他省（自治区、直辖市）要在2017年年底前出台省级工作方案，力争2018年6月底前制定出台相关制度及考核办法，全面建立河长制。

3. 落实工作要求

要建立健全河长制工作机制，落实各项工作措施，确保《关于全面推行河长制的意见》顺利实施。

（1）完善工作机制。各地要建立河长会议制度，协调解决河湖管理保护中的重点难点问题。建立信息共享制度，定期通报河湖管理保护情况，及时跟踪河长制实施进展。建立工作督察制度，对河长制实施情况和河长履职情况进行督察。建立考核问责与激励机制，对成绩突出的河长及责任单位进行表彰奖励，对失职失责的要严肃问责。建立验收制度，按照工作方案确定时间节点，及时对建立河长制进行验收。

（2）明确工作人员。明确河长制办公室相关工作人员，落实河湖管理保护、执法监督责任主体、人员、设备和经费，满足日常工作需要。以市场化、专业化、社会化为方向，加快培育环境治理、维修养护、河道保洁等市场主体。

（3）强化监督检查。各地要对照《关于全面推行河长制的意见》以及工作方案，检查督促工作进展情况、任务落实情况，自觉接受社会和群众监督。水利部、原环境保护部定期对各地河长制实施情况开展专项督导检查。

（4）严格考核问责。各地要加强对全面推行河长制工作的监督考核，严格责任追究，确保各项目标任务有效落实。水利部把全面推行河长制工作纳入最严格水资源管理制度考核，原环境保护部把全面推行河长制工作纳入水污染防治行动计划实施情况考核。水利部、原环境保护部于2017年年底组织对河长制工作进展情况的中期评估，2018年年底组织对全面推行河长制情况进行总结评估。

（5）加强经验总结推广。鼓励基层大胆探索，勇于创新。积极开展推行河长制情况的跟踪调研，不断提炼和推广好做法、好经验、好举措、好政策，逐步完善河长制的体制机制。水利部、原环境保护部组织开展多种形式的经验交流，促进各地相互学习借鉴。

（6）加强信息公开和信息报送。各地要通过主要媒体向社会公布河长名单，在河湖岸边显著位置竖立河长公示牌，标明河长职责、管护目标、监督电话等内容。各地要建立全面推行河长制的信息报送制度，动态跟踪进展情况。自2017年1月起，各省（自治区、直辖市）河长制办公室（或党委、政府确定的牵头部门）每两月将贯彻落实进展情况报送水利部及原环境保护部，第一次报送时间为1月10日前；每年1月10日前将年度总结报送水利部及原环境保护部。

4. 强化保障措施

（1）加强组织领导。各地要加强组织领导，明确责任分工，抓好工作落实。建立水利部会同原环境保护部等相关部委参加的全面推行河长制工作部际协调机制，强化组织指导和监督检查，研究解决重大问题。水利部、原环境保护部将与相关部门加强沟通协调，指导各地全面推行河长制工作。

（2）强化部门联动。地方水利、环保部门要加强沟通，密切配合，共同推进河湖管理保护工作。要充分发挥水利、环保、发展改革、财政、国土、住建、交通、农业、卫生、林业等部门优势，协调联动，各司其职，加强对河长制实施的业务指导和技术指导。要加强部门联合执法，加大对涉河湖违法行为打击力度。

（3）统筹流域协调。各地河湖管理保护工作要与流域规划相协调，强化规划约束。对跨行政区域的河湖要明晰管理责任，统筹上下游、左右岸，加强系统治理，实行联防联控。流域管理机构、区域环境保护督查机构要充分发挥协调、指导、监督、监测等作用。

（4）落实经费保障。各地要积极落实河湖管理保护经费，引导社会资本参与，建立长效、稳定的河湖管理保护投入机制。

（5）加强宣传引导。各地要做好全面推行河长制工作的宣传教育和舆论引导。根据工作节点要求，精心策划组织，充分利用报刊、广播、电视、网络、微信、微博、客户端等各种媒体和传播手段，特别是要注重运用群众喜闻乐见、易于接受的方式，深入释疑解惑，广泛宣传引导，不断增强公众对河湖保护的责任意识和参与意识，营造全社会关注河湖、保护河湖的良好氛围。

1.3.2　地方河长制的部署

根据国家层面河长制的总体情况，各级地方政府结合地方实际，相继出台了相关文件，对河长制进行了具体的部署。

1.3.2.1　浙江省河长制的部署

按照"秉持浙江精神，干在实处、走在前列、勇立潮头"的新要求，坚持问题导向，以建设美丽浙江为目标，以绿色发展为主线，以防治水污染、改善水环境、保护水资源、修复水生态为主要任务，全面深化落实河长制，构建起责任明确、协调有序、监管严格、保护有力的水体管理保护机制，为维护浙江省各类水体健康生命、实现水体功能永续利用提供制度保障，为高水平全面建成小康社会和建设"两富""两美"浙江提供持续动力。浙江省完善了全省河道等级划分，并公布河湖名录。健全了省、市、县、乡、村五级河长体系，并延伸到沟、渠塘等小微水体。

省委、省政府主要领导担任全省总河长，跨设区市的重点河流水系（含重点湖泊）由省级领导同志担任省级河长；市、县（市、区）、乡镇（街道）党政主要负责同志担任本地区总河长，所有河流水系分级分段设立市、县（市、区）、乡镇（街道）、村级河长，由同级党委（党支部）和相应的人大、政府、政协、村（居）委会负责同志担任河长。对存在劣 V 类水质断面的河道，所在地市、县（市、区）党政主要负责同志要亲自担任河长。河长人事变动的，应在 7 个工作日内完成新老河长的工作交接。县级及以上河长要明确相应的联系部门，协助河长负责日常工作。工业企业排污口较多及治理任务较重的河道要设立河道警长。完善河道保洁员配备，建立健全河道巡查员、网格员体系。探索推行对小微水体民间河长"认养制"。

各级总河长是本行政区域河湖管理保护的第一责任人，对河湖管理保护负总责。各级河长是相应河湖管理保护的直接责任人，要切实履行"管、治、保"三位一体的职责，负责组织开展相应河湖的管理和保护工作。其中，县级及以上河长的主要职责是牵头制定"一河一策"治理方案，协调解决河湖治理和保护中的重大问题，对本辖区内跨行政区域的河湖明晰管理责任，协调上下游、左右岸、干支流实行联防联控，对同级相关单位和下一级河长履职情况进行督导，对目标任务完成情况进行考核，强化激励问责。乡、村两级基层河长的主要职责是对责任河湖进行日常巡查管护，及时发现和解决问题，并协助上级河长开展工作。各级河长是责任河湖剿灭劣Ⅴ类水第一责任人，要领衔制订工作方案、排出治理项目，并负责指导督促、跟踪落实。

浙江省委、省政府要求将水域巡查作为河长特别是乡级、村级河长履职的重要内容，加大对责任河流的巡查力度和频次。市、县（市、区）要根据不同河流水质状况，在确定乡级、村级河长巡查周期的基础上，组织好河道保洁员、巡查员、网格员以及志愿者开展巡查，确保主要河流每天有人巡、入河排放口每天有人查。建立巡查日志制度，河长及巡查人员要按规定填写、记录巡查情况，发现问题及时处理和报告，做到问题早发现、早报告、早处置。

浙江省委、省政府要求落实日常工作制度。要求各地要严格执行河长日常工作制度，确保河长规范履职、履职到位。落实督查指导制度，乡级及以上河长要定期牵头组织对下一级河长和同级相关单位的督查指导，发现问题要及时发出整改，督办单或约谈相关负责人，确保整改到位。要落实河长会议制度，各级总河长每年至少召开1次会议，研究本地区河长制推进工作；乡级及以上河长定期组织召开工作会议，研究制定河湖治理措施，协调解决工作中的问题。落实河长报告制度，各级河长每年要向当地总河长述职，报告河长制落实工作。

浙江省委、省政府要求完善信息化管理制度。各地要加快推进河长制管理信息系统、河长移动客户端或微信公众平台等的建设，建立健全集信息查询、河长巡河轨迹和现场照片上传、信访举报、政务公开、公众参与等功能于一体的智慧治水平台，提高河长制信息化管理水平。

浙江省委、省政府要求建立健全河湖管理保护监督考核和责任追究制度，将河长制落实情况纳入"五水共治"、美丽浙江建设和最严格水资源管理制度、水污染防治行动计划实施情况的考核范围，纳入同级政府对所属单位、县（市、区）对乡镇（街道）、乡镇（街道）对村（社区）的年度考核考评，并与绩效奖惩挂钩。

浙江省委省政府要求省、市、县（市、区）应设置相应的河长制办公室，与"五水共治"工作领导小组办公室合署，统筹协调落实本地区的治水工作。乡镇（街道）可根据工作需要设立河长制办公室或落实人员负责河长制工作。各级河长制办公室要加强指导、协调、督查考核，建立健全工作制度和台账，统一设立监督和投诉举报电话，明确各类管理、考核和督查督办要求，全力推进河长制实施。

1.3.2.2　吉林省河长制的部署

为全面贯彻党的十八大和十八届三中、四中、五中、六中全会精神，深入贯彻习近平总书记系列重要讲话精神，牢固树立新发展理念，坚持节水优先、空间均衡、系统治理、两手发力，紧紧围绕全省"三个五"发展战略和"三区"建设总体布局，以保护水资源、防治水污染、改善水环境、修复水生态为主要任务，在全省河湖全面推行河长制，构建责任明确、协调有序、监管严格、保护有力的河湖管理保护机制，确保工作方案到位、组织体系和责任落实到位、相关制度和政策措施到位、监督检查和考核评估到位，维护河湖健康生命，实现河湖功能永续利用，推进生态文明建设。吉林省构建了省、市、县、乡四级河长制。

吉林省对所有河湖全面实行河长制。要求流域面积 $20km^2$ 以上的河流、水面面积 $1km^2$ 以上的自然湖泊，以独立河湖为单位分级分段实行河长制。流域面积较小的河流或水面面积较小的湖泊可根据保护和管理需要，按照全覆盖的原则，由市（州）、县（市、区）确定独立设置河长还是与其汇入河流"捆绑"实行河长制。松花江等 4 条大江大河、东辽河等 6 条跨市（州）重要支流及查干湖设省级河长，实行省、市、县、乡四级河长制；其他跨市（州）及跨县（市、区）河湖设市、县、乡三级河长；不跨县（市、区）河湖设县、乡两级河长。

吉林省构建了省、市（州）、县（市、区）、乡（镇、街道）四级河长组织体系。全省总河长由省委书记和省长共同担任，副总河长由省委、省政府分管领导担任，各市（州）、县（市、区）总河长由当地党委、政府确定；各地各级党委、政府等领导任辖区内具体河湖河长；各级与实行河长制相关的部门为本级河长制成员单位；沿河湖乡根据辖区内河道数量、大小和任务等实际情况确定河管员（巡查员），负责所辖河道的日常巡查和信息反馈等工作，通过购买服务等方式开展河道保洁。作为行政区界线的河流，应分左右两岸，按行政管辖范围单独设置河长。

县级以上设河长制办公室。

1. 省级河长制组织

松花江、嫩江、图们江、伊通河、饮马河、鸭绿江、辉发河、东辽河、拉林河、浑江等十条跨境、跨省、跨地区主要江河和查干湖的省级河长，分别由省委、省政府相关负责同志及长春市、延边朝鲜族自治州党委主要负责同志担任。

省委组织部、省委宣传部、省发展和改革委员会、省教育厅、省工信厅、省公安厅、省财政厅、省国土资源厅、省环保厅、省住建厅、省交通运输厅、省水利厅、省农委、省卫生计生委、省审计厅、省林业厅、省政府法制办、省测绘地理信息局、省畜牧业局等19个部门为省级河长制成员单位，每个成员单位各确定1名领导同志为责任人、1名处级干部为联络员。

省河长制办公室设在省水利厅，办公室主任由省水利厅主要负责同志担任。

2. 市（州）、县（市、区）级河长制组织

各市（州）本级辖区内河湖以及跨市州河湖（不设省级河长的河湖）、跨县（市、区）河湖为市（州）级河长牵头河湖，设市、县、乡三级河长。其他河湖均为县（市、区）级河长牵头河湖，设县、乡两级河长。

市（州）、县（市、区）级河长由属地党委、政府等相关负责同志分别担任。河长制成员单位设定及河长制办公室设置，可参照省级模式，结合本地情况确定。

1.3.2.3 江苏省河长制的部署

为深入学习贯彻习近平总书记系列重要讲话特别是视察江苏的重要讲话精神，按照省第十三次党代会部署要求，牢固树立新发展理念，认真践行新时期治水方针，以保护水资源、防治水污染、治理水环境、修复水生态为主要任务，

在全省江河湖库全面推行河长制，构建责任明确、协调有序、监管严格、保护有力的河湖管理保护机制，统筹推进河湖功能管理、资源保护和生态环境治理，坚决打赢治水攻坚战，切实维护河湖健康生命，实现永续利用，为全省高水平全面建成小康社会奠定坚实基础。江苏省在全省范围内全面推行河长制，实现河道、湖泊、水库等各类水域河长制管理全覆盖。建立了省、设区市、县（市、区）、乡镇（街道）、村（居）五级河长体系。省、设区市、县（市、区）、乡镇四级设立总河长，成立河长制办公室。跨行政区域的河湖由上一级设立河长，本行政区域河湖相应设置河长。

江苏省级总河长由省长担任，副总河长由省委、省政府分管领导担任。设区市、县（市、区）、乡镇总河长由本级党委或政府主要负责同志担任。全省18条重要流域性河道、7个省管湖泊，分别由省委、省政府领导担任河长，河湖所在设区市、县（市、区）党政负责同志担任相应河段河长。太湖15条主要入湖河道河长制体系保持不变。其他流域性河道、区域骨干河道及重点湖泊，由设区市党委、政府负责同志担任河长，河湖所在县（市、区）、乡镇党政负责同志担任相应河段河长。

县乡河道、小型湖泊及各类水库，由所在地党政负责同志担任河长。

其他河道的河长，由各地根据实际情况设定。

江苏省级河长制办公室设在省水利厅，承担全省河长制工作日常事务。省级河长制办公室主任由省水利厅主要负责同志担任，副主任由省水利厅、省环境保护厅、省住房城乡建设厅、省太湖办分管负责同志担任，领导小组成员单位各派1名处级干部作为联络员。各地根据实际情况，设立本级河长制办公室。

各级总河长是本行政区域内推行河长制的第一责任人，负责辖区内河长制的组织领导，协调解决河长制推行过程中的重大问题，并牵头组织督促检查、绩效考核和问责追究。副总河长协助总河长工作。

各级河长负责组织领导相应河道、湖泊、水库的管理、保护、治理工作，包括河湖管理保护规划的编制实施、水资源保护、水域岸线管理、水污染防治、水环境治理、水生态修复、河湖综合功能提升等；牵头组织开展专项检查和集中治理，对非法侵占河湖水域岸线和航道、围垦河湖、盗采砂石资源、破坏河湖及航道工程设施、违法取水排污、违法捕捞及电毒炸鱼等突出问题依法进行清理整治；协调解决河道管理保护中的重大问题，统筹协调上下游、左右岸、干支流的综合治理，明晰跨行政区域和河湖管理保护责任，实行联防联控；对本级相关部门和下级河长履职情况进行督促检查和考核问责，推动各项工作落实。

河长制办公室负责组织制定河长制管理制度；承担河长制日常工作，交办、督办河长确定的事项；分解下达年度工作任务，组织对下一级行政区域河长制工作进行检查、考核和评价；全面掌握辖区河湖管理状况，负责河长制信息平台建设；开展河湖保护宣传。

各级河长、河长制办公室不代替各职能部门工作，各相关部门按照职责分工做好本职工作，并推进落实河长交办事项。

江苏省委、省政府要求健全工作机制。制定河长巡查及会议、信息报送、检查考核等配套制度，建立部门联动机制，落实工作经费保障，完善考核评估办法，形成河湖管理保护合力。要求积极创新工作方式，坚持因河制宜，实施"一河一策"，针对不同河湖功能特点以及存在问题，由河长牵头组织编制工作清单，制定年度任务书，提出时间表和路线图，有序组织实施。编制河长工作手册，规范河长巡查、协调、督察、考核和信息通报等行为。对巡查发现、群众举报的问题，建立河长工作联系单，及时进行交办和督办查办，确保事事有着落、件件有回音。

江苏省委、省政府要求严格考核问责。制定河长制考核办法，建立由各级总河长牵头、河长制办公室具体组织、相关部门共同参加、第三方监测评估的绩效考核体系，实行财政补助资金与考核结果挂钩，根据不同河湖存在的主要问题实行河湖差异化绩效评价考核。江苏省每年对各设区市河长制工作情况进行考核，考核结果报送省委、省政府，通报省委组织部，并向社会公布，作为地方党政领导干部综合考核评价的重要依据。实行生态环境损害责任终身追究制，对造成生态环境损害的，严格按照有关规定追究相关人员责任。

1.3.2.4　内蒙古自治区河长制的部署

为全面贯彻党的十八大和十八届三中、四中、五中、六中全会精神，深入贯彻习近平总书记系列重要讲话和治国理政新理念新思想新战略，全面落实习近平总书记考察内蒙古的重要讲话精神，深入贯彻自治区第十次党代会精神，大力践行新发展理念，坚持节水优先、空间均衡、系统治理、两手发力，以保护水资源、防治水污染、改善水环境、修复水生态为主要任务，在全区江河湖泊全面推行河长制，构建分级管理、责任明确、监管严格、保护有力的河湖管理保护机制，为维护河湖健康生命、实现河湖功能永续利用提供制度保障。内蒙古自治区全面建立自治区、盟市、旗县（市、区）、苏木乡镇四级河长制管理体系，实现全区河湖全覆盖。

内蒙古自治区设立总河长、副总河长，总河长、副总河长分别由自治区党委、政府主要领导同志担任。

内蒙古自治区境内主要河湖，即黄河（含乌梁素海）、辽河、嫩江、额尔古纳河（含呼伦湖）、黑河（含居延海）分别设立自治区级河长，由自治区省级领导同志担任。其中，嫩江内蒙古段河长由自治区党委副书记担任；西辽河河长由负责城乡建设工作的自治区副主席担任；黄河内蒙古段（含乌梁素海）河长由负责水利工作的自治区副主席担任；黑河内蒙古段（含居延海）河长由负责环境保护工作的自治区副主席担任；额尔古纳河（含呼伦湖）河长由负责外事工作的自治区副主席担任。

盟市、旗县（市、区）、苏木乡镇设总河长，总河长由本级党委书记担任，其境内各河湖分级分段设立河长，河长由本级负责同志担任。

内蒙古自治区分级设立河长制办公室。

旗县级及以上河长设置相应的河长制办公室，负责组织实施具体工作，落实河长确定的事项。

内蒙古自治区河长制办公室设在自治区水利厅，办公室主任由水利厅厅长担任，副主任由水利厅1名副厅长担任，主持河长制办公室日常工作；环保厅1名副厅长担任河长制办公室副主任。自治区各有关部门单位为推行河长制的责任单位，确定1名处级干部作为自治区河长制办公室组成人员。

内蒙古自治区党委、政府要求健全工作机制。建立河长会议制度、信息共享制度、工作督察制度，协调解决河湖管理保护的重点难点问题，定期通报河湖管理保护情况，对河长制实施情况和河长履职情况进行督察。充分运用互联网、物联网、云计算、大数据平台等现代信息技术，建立全区河湖管理保护信息系统，实现河湖管理保护信息共享与动态监控。各级河长制办公室要加强组织协调，督促相关部门单位按照职责分工，共同推进河湖管理保护工作。

内蒙古自治区党委、政府要求强化考核问责。根据不同河湖存在的主要问题，实行差异化绩效评价考核，将领导干部自然资源资产离任审计结果及整改情况作为考核的重要参考。旗县级及以上河长负责组织对相应河湖下一级河长进行考核，考核结果作为地方党政领导干部综合考核评价的重要依据。实行生态环境损害责任终身追究制，对造成生态环境损害的，严格按照有关规定追究责任。

1.3.2.5 云南省河长制的部署

为全面贯彻党的十八大和十八届三中、四中、五中、六中全会精神，深入学习贯彻习近平总书记系列重要讲话和考察云南的重要讲话精神，以及云南省第十次党代会精神，紧紧围绕统筹推进"五位一体"总体布局和协调推进"四个全面"战略布局，牢固树立新发展理念，坚持节水优先、空间均衡、系统治理、两手发力，以保护水资源、防治水污染、改善水环境、修复水生态为主要任务，在全省河湖库渠全面推行河长制，构建责任明确、协调有序、监管严格、保护有力的河湖库渠管理保护机制，为维护河湖库渠健康生命、实现河湖库渠功能永续利用提供保障，为把云南建设成为全国民族团结进步示范区、生态文明建设排头兵、面向南亚东南亚辐射中心，全面建成小康社会提供有力的水安全保障。云南省全省的河湖库渠全面推行河长制。六大水系、牛栏江及九大高原湖泊设省级河长。纳入《云南省水功能区划》的162条河流、22个湖泊和71座水库，纳入《云南省水污染防治目标责任书》考核的18个不达标水体，大型水库（含水电站）要设立州、市级河长。其他河湖库渠，纳入州市、县、乡、村各级河长管理。

1.3.2.5.1 云南省全面建立了河长制体系

1. 建立河长制领导小组

建立以各级党委主要领导担任组长的河长制领导小组。省级河长制领导小组组长由省委书记担任，第一副组长由省长担任，常务副组长由省委副书记担任，副组长由分管水利、环境保护的副省长分别担任。河长制领导小组成员单位由省委组织部、宣传部、政法委、农办、发展和改革委员会、工业和信息化委员会、教育厅、科技厅、公安厅、财政厅、国土资源厅、环境保护厅、住房城乡建设厅、交通运输厅、农业厅、林业厅、水利厅、卫生计生委、审计厅、外办、旅游发展委、国资委、工商局、法制办、云南电网有限责任公司等组成，各成员单位确定1名厅级干部为成员、1名处级干部为联络员。

省河长制办公室设在省水利厅，办公室主任由省水利厅厅长兼任，副主任分别由省环境保护厅、水利厅分管负责同志担任。州、市、县、区要参照省级设立河长制办公室。

2. 实行五级河长制

全省河湖库渠实行省、州市、县、乡、村五级河长制。省、州市、县、乡分级设立总河长、副总河长，分别由同级党委、政府主要负责同志担任。各河湖库渠分级分段设立河长，分别由省、州市、县、乡党政及村级组织有关负责同志担任。河湖库渠所在州市、县、乡党委、政府及村级组织为河湖库渠保护管理的责任主体；村组设专管员、保洁员或巡查员，城区按现有城市管理体制落实专管人员。

省级总河长由省委书记担任，副总河长由省长担任。六大水系、牛栏江和九大高原湖泊省级河长由省委、省政府有关领导分别担任，相应河湖段的州、市河长由河湖所在州、市党委或政府主要负责同志担任。

3. 实行分级负责制

河长制领导小组：负责全面推行河长制的组织领导，推进河长制管理机构建设，审核河长制工作计划，组织协调河长制相关综合规划和专业规划的制定与实施，协调处理部门之间、地区之间的重大争议，统筹协调其他重大事项。

总河长、副总河长：负责领导本区域河长制工作，承担总督导、总调度职责。

各级河长是相应河湖库渠管理保护的直接责任人，要主动作为，建立现场工作制度，对相应河湖库渠开展定期或不定期巡查巡视，及时发现问题，以问题为导向，组织专题研究，制定治理方案，落实一河（湖）一策，协调、督促治理、修复、保护，全面履职尽责，切实保证河湖库渠的治理、管理、保护到位。省级河长负责组织领导相应河湖管理保护工作。州、市、县、区河长全面负责河长制工作的落实推进，组织制定相应河湖库渠河长制工作计划，建立健全相应河湖库渠管理保护长效机制，推进相应河湖库渠的突出问题整治、水污染综合防治、巡查检查、水生态修复和保护管理，协调解决实际问题，定期检查督导下级河长和相关部门履行工作职责，开展量化考核。乡、村级河长职责由所在县、市、区予以明确细化，具体负责相应河湖库渠的治理、管理、保护和日常巡查、保洁等工作。

河长制办公室：负责河长制工作具体组织实施，落实总河长、副总河长和河长确定的事项，落实总督察、副总督察交办的事项。

省级河长制领导小组成员单位职责在下一步出台的行动计划中细化明确。

4. 建立河长制工作机制

建立河长会议制度，负责协调解决河湖库渠管理保护中的重点难点问题。建立部门联动制度，协调水利、环境保护、发展改革、工业和信息化、财政、国土资源、住房城乡建设、交通运输、农业、卫生计生、林业等部门，加强协调联动，各司其职，共同推进。建立信息共享制度，定期通报河湖库渠管理保护情况，及时跟踪河长制实施进展情况。建立工作督察制度，全面督察河长制工作落实情况。建立验收制度，按照确定的时间节点，及时对河长制工作进行验收。

5. 落实河长制专项经费

省、州市、县要将河长制工作专项经费纳入各级财政预算，重点保障水质水量监测、规划编制、信息平台建设、河湖库渠划界确权、突出问题整治及技术服务等工作经费。积极引导社会资本参与，建立长效、稳定的河湖库渠管理保护投入机制。

1.3.2.5.2 云南省建立了技术支撑体系

1. 建立河湖库渠分级名录

根据河湖库渠自然属性、跨行政区域情况，以及对经济社会发展、生态环境影响的重要性等因素，建立州市、县、乡、村级河长及河湖库渠名录。

2. 建立完善监测评价体系

加强河湖库渠跨界断面、主要交汇处和重要水功能区、入河湖库渠排污口等重点水域的水量水质水环境监测，建立突发水污染处置应急监测机制。加强省、州市水环境监测中心建设，统一技术要求和标准，统筹建设与管理，建立体系统一、布局合理、功能完善的河湖库渠监管网络。按照统一的标准规范开展水质水量监测和评价，按规定及时发布有关监测成果。建立水质恶化倒查机制。

3. 建立信息系统平台

按照"统一规划、统一平台、统一接入、统一建设、统一维护"原则，建立全省河湖库渠管理大数据信息平台，实现各级各有关部门信息共享。建立河湖库渠管理信息系统，逐步实现信息共享、任务派遣、督办考核、应急指挥数字化管理。建立河湖库渠管理地理信息系统平台，加强河湖库渠水域环境动态监管，实现基础数据、涉河工程、水质监测、水域岸线管理信息化、系统化。建立实时、公开、高效的河长即时通信平台，将日常巡查、问题督办、情况通报、责任落实等纳入信息化一体化管理，提高工作效能，接受社会监督。

1.3.2.5.3　云南省建立了考核监督体系

1. 建立三级督察体系

全面建立省、州市、县三级督察体系。省级由省委副书记担任总督察，省政协主席、省人大常委会常务副主任担任副总督察；州、市、县、区分别由党委副书记担任总督察，人大、政协主要负责同志担任副总督察。总督察、副总督察协助总河长、副总河长对河长制工作情况和河长履职情况进行督察、督导。

省人大常委会负责九大高原湖泊的河长制督察、督导，省政协负责六大水系及牛栏江的河长制督察、督导。州、市、县、区人大、政协督察、督导工作细则由各地根据实际情况明确。

2. 建立责任考核体系

建立河长制责任考核体系，制定考核评价办法和细则。针对不同河湖库渠，实行差异化绩效评价考核。县级及以上党委、政府负责组织对下级党委、政府落实河长制情况进行考核。上级河长负责组织对相应河湖库渠下级河长进行考核。考核结果作为各级党政领导干部考核评价的重要依据，作为上级政府对下级政府实行最严格水资源管理和水污染防治行动考核的重要内容。

3. 建立激励问责机制

建立考核问责与激励机制，对成绩突出的河长及党委、政府进行表彰奖励，对失职失责的要严肃问责。实行生态环境损害责任终身追究制，对造成生态环境损害的，严格按照有关规定追究责任。将领导干部自然资源资产离任审计结果及整改情况作为考核的重要参考。

4. 建立社会参与监督体系

加强宣传舆论引导，精心策划组织，充分利用报刊、广播、电视、网络、微信、微博和手机客户端等各种媒体和传播手段，特别是要注重运用群众喜闻乐见、易于接受的方式，深入释疑解惑，广泛宣传引导，在全社会范围加强生态文明和河湖库渠保护管理教育，不断增强公众的责任意识和参与意识，营造全社会关注、保护河湖库渠的良好氛围。建立信息发布平台，通过各类媒体向社会公布河长名单，在河湖库渠岸边显著位置竖立河长公示牌，标明河长职责、河湖库渠概况、管护目标、监督电话等内容，接受社会监督。聘请社会监督员对河湖库渠管理保护效果进行监督和评价。

第 2 章

河（湖）长 管 理

2.1　工作体系

不同地方工作体系模式多样，有单独的党政河长体系，有的实行"党政河长＋河道警长"制度，有的开展"党政河长＋河道警长＋民间（群众）河长"体系。

绍兴市河（湖）长管理构架图如图 2-1 所示。

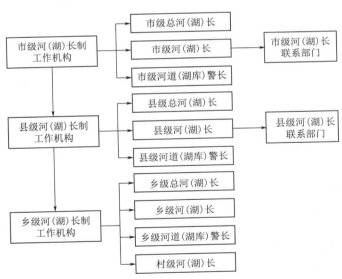

图 2-1　绍兴市河（湖）长管理构架图

2.1.1　党政河（湖）长工作体系

《关于全面推行河长制的意见》要求，明确区域和每条河流的管护主体和责

任人，建立省、市、县、乡四级河长体系，是河长制实施的关键和核心。各省（自治区、直辖市）党委或政府主要负责同志担任本省（自治区、直辖市）总河长；省级负责同志担任本行政区域内主要河湖的河长；各河湖所在市、县、乡均分级分段设立河长，由同级负责同志担任。通过构建和我国社会治理构架相适应相平行的河长体系，能够切实发挥党政负责人在工作统筹、关键问题协调与各项治河任务协同推进方面的优势，形成合力解决河湖突出问题。更重要的是明确河湖管护的责任人，将原来政府责任、部门责任明确为河长责任、个人责任，可有效解决河湖资源开发与保护的"公地悲剧"问题，保护和改善河湖生态环境。

很多省结合本省实际，除了按照中央的要求外，还增设了村级河长，村级河长主要负责本行政村范围内的河道（段），使得河长制落实到最基层。如《浙江省河长制规定》中有：建立省级、市级、县级、乡级、村级五级河长体系。跨设区的市重点水域应当设立省级河长。各水域所在设区的市、县（市、区）、乡镇（街道）、村（居）应当分级分段设立市级、县级、乡级、村级河长。村级河长主要负责在村（居）民中开展水域保护的宣传教育，对责任水域进行日常巡查，督促落实责任水域日常保洁、护堤等措施，劝阻相关违法行为，对督促处理无效的问题，或者劝阻违法行为无效的，按照规定履行报告职责。

2.1.2　河道警长工作体系

为加强对河道违法行为的惩处，有的地方结合本地实际，设立了河段警长，有些县（市、区）河段警长与县级河长一一对应，有些地方下设到与乡镇级河长一一对应，村级河长与片警乡挂钩。

【案例2-1】　××市公安局的《全面实行"河道警长制"工作实施方案》

为全力保障全市水环境综合治理顺利进行，分局决定建立与"河长制"相配套的"河道警长制"。为确保"河道警长制"落实到位，结合我市实际，特制定本方案。

一、工作目标

全市各河道全部配置"河道警长"，建立与市、镇两级"河长"相对应的河道警长体系，全面实施"河道警长制"。严厉打击污染水环境的违法犯罪行为；

严厉打击在"河长制"工作中阻扰施工、暴力抗法等违法犯罪行为；做好涉及水环境污染等不稳定信息的收集、掌握，完善应急预案，及时应对涉水突发事件，防止发生大规模群体性事件。

二、组织领导

（一）成立河道警长制领导小组。为加强对"河道警长制"工作的组织领导，成立"河道警长制"工作领导小组，由副市长、公安局长×××任组长兼总警长，党委委员、副局长×××任执行组长兼副总警长，公安局其他党委成员任副组长，治安大队及各派出所（警务区）负责人为成员。领导小组负责统筹协调河道警长制工作，研究解决河道警长制推行过程中的重点难点问题，督促检查工作落实情况。

（二）成立河道警长制办公室。分局"河道警长制"办公室设于治安大队，由治安大队大队长×××兼任办公室主任，治安大队中队长×××任办公室副主任。"河道警长制"办公室负责组织、协调和督促落实"河道警长制"相关工作，承办并落实领导小组有关决定和交办事项，掌握全局工作情况，并定期向领导小组汇报工作。

（三）分级设置河道警长。坚持"以快为主、属地管理、分级负责"的原则，逐级设市级河道警长、镇河道警长。市局确定一名民警担任县级河道警长，对应负责全区重点河道河段。各派出所（警务区）负责人担任对应负责属地的河段警长。

三、工作职责

（一）切实履行"河道警长"职责。一是协助"河长"履行指导、协调和监督功能。当好参谋助手，与相关部门协作开展经常性督查，发现问题及时报告或落实责任单位处理。二是整合协调各警种资源，牵头做好信息流转、情报会商等工作；进一步强化相关职能部门的沟通联系、协作配合。三是组织、指导、协调和监督责任河段内涉水违法犯罪案件的查处工作。

（二）严厉打击涉水违法犯罪。一是强化情报收集。通过主动加强日常巡逻检查、认真受理群众信访举报、强化与相关部门的信息互通等多种措施，广泛收集涉水领域的污染环境、矛盾纠纷、涉稳涉黑等线索和信息。加强分析研判，从中梳理出一批有价值的线索和信息。二是突出打击重点。把打击矛头对准涉水犯罪的组织者、经营者、获利者和"幕后保护伞"四类人群，力争铲除相关非法产业链条，提高打击质量。重点打击污染水环境、盗窃破坏治水设备及河道安全设施、暴力抗法、阻扰治水工程施工等违法犯罪行为，确保第一时间进行打击处理。三是加大打击力度。对涉及水环境污染等的违法犯罪行为，必须坚持"五个一律"，即重大案件一律领导包办、案件线索一律溯源倒查、破案手段一律专业支撑、案件办理一律快侦快诉、破获案件一律公开曝光。

（三）全面排查化解矛盾纠纷。充分发挥公安机关点多线长面广、情报信息灵通的优势，把服务保障治水大局与加强社会面治安防控体系建设、务实公安基层基础有机结合起来，实现各项工作相互促进。一是联合巡查。联合相关职能部门，定期开展河流沿岸等重点区域和重点部位联合巡查，尤其要加强对制革、化工、印染、养殖等重污染企事业集中区域及饮用水水源保护区排污点的查控，及时发现、制止违规排放倾倒污染物、破坏水设施等行为，防范重大污染案（事）件的发生。二是主动排查。结合日常治安巡防、走村入户等基础工作，深入城乡接合部、出租房屋，对河段周边水污染源和涉水矛盾纠纷进行滚动排摸，及时发现各类苗头性线索和预警性信息，主动向"河长"及上级"河道警长"汇报，并通知相关部门。三是及时化解。对排摸出的不安定因素、水污染隐患等问题及时进行梳理分析，并会同相关部门进行会商评估，研究解决对策；依法妥善化解涉水纠纷。四是妥善应对。落实重大项目风险评估机制，积极应对洪涝等重大自然灾害时期的社会治安管控、道路交通管理和网络舆论检测工作，认真研究重点项目推进中可能出现的重大突发事件，因情施策制定预案，加强实战演练，提高应对处置水平。

四、工作要求

（一）高度重视，精心组织。建立河道警长制是深入推进全市水环境综合治理的基础性工作，是我局主动融入河长制工作的重要举措。各河道警长要将其作为一项重点任务来抓，集全警之力、聚全警之智，整合社会力量，形成最广泛的社会合力，集中力量助力治水，攻坚克难。市局河道警长要加强对各派出所（警务区）河道警长的指导和监督，层层压实责任，逐级狠抓落实。

（二）密切配合，齐抓共管。水环境综合治理是一项系统工作，涉及面广，工作要求高，要牢固树立"一盘棋"思想，充分发挥职能作用，按照职责分工，量化责任，细化措施，加强与农业、环保、水利、国土、林业等涉水部门的衔接和协作配合，做到和党委、政府步调一致。办案单位要提高重拳攻坚的能力

水平，加强对涉水违法犯罪的打击和指导力度；法制部门要主动开展执法指导，确保法律效果和社会效果的统一；其他警种也要各司其职，加强部门间协作配合，形成依法治水合力。

（三）广泛宣传，造浓氛围。要依托各种宣传媒介，营造全员参与水环境综合治理的浓厚氛围；要以发布公告、在河道醒目地段立牌等方式，公布河道警长相关信息，以及涉水违法犯罪举报电话和微信、微博公众号，积极引导广大群众参与到水环境综合治理工作中来；要积极宣传河道警长在水环境综合治理中涌现出来的好人好事、典型事迹，及时公布、公开查处的典型事件，发挥教育引导作用，增强公众保护水环境的责任意识，形成全社会关心、支持、参与、监督水环境治理的良好氛围。

（四）灵通信息，强化督导。要定期搜集、研判、汇总、报送各类情报信息，及时总结工作经验和做法，有序推进工作；重大案（事）件立即报告，及时跟踪续报进展情况。各河道警长要充分履职尽责，深入开展走访排查，建立工作台账和巡查台账。河道警长制的开展情况将纳入市局绩效考评，市局纪委加强对该项工作的检查、指导和督促，确保工作落到实处。

2.1.3　群众（民间）河长工作体系

为广泛发动全民参与，按照"问政于民、问需于民、问计于民"的原则。"民间河长"是"党政河长"的有益补充。发动群众参与河道管理，可凝聚生态文明建设共识与合力，营造社会各界共同关心、全力支持、广泛参与和严格监督河流保护管理的良好氛围，形成齐抓共促、互抓共管的新局面。"民间河长"是以自愿服务形式长期从事呵护河流健康的志愿者，"民间河长"的选聘按照自愿、就近原则，需要满足身体健康，有时间、精力，有一定的文化知识，以及居住或工作在河道附近，熟悉河道，口碑好、威信高、热心于公益事业等条件。"民间河长"通过受邀参加相关工作会议、研讨座谈会、宣传政策、日常巡河等形式，发挥监督员、传播员、信息员和作战员的作用，实现群众的评议权、参与权和监督权。

【案例2-2】　杭州市余杭区星桥街道《关于推行"民间河长"制度的通知》

各社区、机关各科办（中心）：

为广泛发动全民治水，有力助推我街道"五水共治"步伐，经研究，决定在全街道范围内，实施"民间河长"制度，特制定如下工作方案：

一、指导思想和工作目标

践行党的群众路线，引导全民参与"五水共治"，实现群众的评议权、参与权、监督权，发挥群众的主观能动性、提升居民素质，使全街道"五水共治"各项工作更加符合群众的需求，更加贴近地域的实际，更加形成治水的合力，确保各项措施落到实处。

二、"民间河长"的性质

"民间河长"作为社会各界代表义务志愿参与街道"五水共治"查、评、议、宣等工作，对所在社区"五水共治"办负责，独立行使监督权。

三、"民间河长"选聘

"民间河长"应为非在职街道、社区干部，由各社区推荐1~2名人员担任，基本条件为：

（1）熟悉河道，口碑好、威信高、热心于公益事业。

（2）身体健康，有一定的文化知识。

（3）实行就近就地原则，居住在河道附近。

下列人员不宜担任"民间河长"：

（1）在职街道、社区干部。

（2）有违法违纪行为记录的人员。

（3）家庭有涉水违建违章的人员。

（4）其他不适宜担任河长的人员。

四、"民间河长"的职责

（1）向周边群众宣传"五水共治"精神和街道、社区的做法，帮助争取群众配合；带头遵守治水护水法律法规，从自身做起，做出表率。

（2）对河道进行巡查、监督周边企业污染排放，发现河面漂浮物、河岸垃圾、晴天排水口、河道违章及偷排偷倒等问题及时上报。

（3）及时向街道、社区和责任河长反馈周边群众对于治水的意见和建议，搭建起政府与群众的沟通桥梁。

五、"民间河长"的保障

为保证"民间河长"正常有序开展工作，排除相关干扰因素，街道应给予"民间河长"相关人身安全、组织、纪律等保障，具体为：

（一）安全保障：街道、社区对"民间河长"举报监督行为和信息必须保密，不得以任何形式向他人泄露。否则，一经查实，严肃追究。

（二）组织保障：街道"五水共治"办对"民间河长"上报的问题督促"责任河长"或河道主体责任单位给予回应，并在 7 个工作日内将处理结果反馈给"民间河长"。

（三）资金保障：在"五水共治"资金中保障工作经费，主要用于"民间河长"培训、评优表彰，并对"民间河长"给予适当补贴。

记者河长。作为舆论监督的主力军，记者是河长制落到实处不可缺少的重要一环。有些地方主动要求记者参与到河道管理工作中，如四川省的南充市，邀请 11 名记者担任"记者河长"，并赋予"记者河长"职责如下：记录南充各地为水清岸绿做出的努力，讲好南充环境保护的动人故事；记录各级河长履职尽责情况，曝光各级河长和相关方面不担当、不作为、不爱河、不护绿的行为；打通南充各级河长和社会各界沟通的壁垒；在总结经验、宣传典型的同时，以公开采访和暗访的形式，对各级各部门在河长制推进过程中存在的问题，以内参或公开形式进行披露。

"河小二"。为进一步加大河长制的宣传力度，积极动员全社会力量共同参与河长制，让青年一代更加了解推行河长制的重要性，鼓励广大干部群众投身其中，真正把"爱水、护水、节水、惜水"作为思想和行动的自觉，争做绿色理念的传播者、生态文明的捍卫者、环境保护的实践者。有些地方积极引导青年参与其中。如杭州市拱墅区团委专门在区治水办（河长办）设立"河小二"办公室，并在辖区内 41 条河道全部设立"河小二"公示牌。宁波团市委在"青春宁波"微信公众号上发出招募令，面向全市招募十万"河小二"，在共青团河长助理的统一指挥下，协助河长积极参与水资源保护、水环境改善、水污染防治、河湖水域岸线管理保护、水生态修复和执法监管，为助力宁波市河长制的落实贡献青春力量。民间河长公众号如图 2-2 所示。

图 2-2　民间河长公众号

2.1.4 湖长制体系

2.1.4.1 国家层面

为进一步加强湖泊管理保护工作，在全面落实《中共中央办公厅、国务院办公厅印发〈关于全面推行河长制的意见〉的通知》要求的基础上，中共中央办公厅、国务院办公厅印发了《关于在湖泊实施湖长制的指导意见》，自 2017 年 11 月 20 日起实施。

《关于在湖泊实施湖长制的指导意见》要求我国全面建立省、市、县、乡四级湖长体系。各省（自治区、直辖市）行政区域内主要湖泊，跨省级行政区域且在本辖区地位和作用重要的湖泊，由省级负责同志担任湖长；跨市地级行政区域的湖泊，原则上由省级负责同志担任湖长；跨县级行政区域的湖泊，原则上由市地级负责同志担任湖长。同时，湖泊所在市、县、乡要按照行政区域分级分区设立湖长，实行网格化管理，确保湖区所有水域都有明确的责任主体。

湖泊最高层级的湖长是第一责任人，对湖泊的管理保护负总责，要统筹协调湖泊与入湖河流的管理保护工作，确定湖泊管理保护目标任务，组织制定"一湖一策"方案，明确各级湖长职责，协调解决湖泊管理保护中的重大问题，依法组织整治围垦湖泊、侵占水域、超标排污、违法养殖、非法采砂等突出问题。其他各级湖长对湖泊在本辖区内的管理保护负直接责任，按职责分工组织实施湖泊管理保护工作。

流域管理机构要充分发挥协调、指导和监督等作用。对跨省级行政区域的湖泊，流域管理机构要按照水功能区监督管理要求，组织划定入河排污口禁止设置和限制设置区域，督促各省（自治区、直辖市）落实入湖排污总量管控责任。要与各省（自治区、直辖市）建立沟通协商机制，强化流域规划约束，切实加强对湖长制工作的综合协调、监督检查和监测评估。

2.1.4.2 省级层面

各省结合本省实际，紧密结合河长制的部署，纷纷建立了相应的湖长制体系。有的省建立了省、市、县、乡、村五级湖长制组织体系。

如江西省将河长制、湖长制同部署、同落实、同检查、同考核。江西省全

省共设立五级河（湖）长 2.5 万人，配备河湖管护人员 9.42 万人。先后出台会议制度、信息工作制度、工作督办制度、工作考核办法、工作督察制度、验收评估办法、表彰奖励办法等，不断优化的制度机制得以落地。坚持问题导向，持续两年开展 10 多个河湖"乱占乱建、乱围乱堵、乱采乱挖、乱倒乱排"突出问题专项整治的"清河行动"。

甘肃省委办公厅、甘肃省人民政府办公厅印发《甘肃省实施湖长制工作方案》，在全省所有湖泊全面建立省、市、县、乡、村五级湖长体系，将省内所有湖泊，常年水面面积在 0.03km² 以上，且库容在 10 万 m³ 以上平原注入式水库和饮用水水源地水库纳入湖长制工作范围，分级分区建立湖泊名录，其中，苏干湖、刘家峡水库、九甸峡水库等跨省级行政区域湖泊和跨市州级行政区湖库确定为省级湖泊，由湖泊所在流域省级河长兼任省级湖长，要求湖泊所在市、县、乡、村按行政区域分级分区逐级建立由党委、政府主要负责同志担任湖长的工作机制。同时还明确在省内重点河流、饮用水水源地水库分段分区设立"河湖警长"。

2.1.4.3　县级层面

根据上级的统一部署，县级层面同步实施湖长制体系，如浙江省绍兴市柯桥区委办、区府办联合印发《关于全面推行"湖长制"管理工作的意见》，明确对全区范围内的重要湖泊、总库容在 1 万 m³ 以上的 384 座重要水库（山塘）全面推行"湖长制"管理，打造"河长制"升级版。明确了"湖长制"实施范围及主要目标、湖长设置及职责分工、重点任务及工作机制等。

县级层面的具体工作相应地落实到乡镇，各乡镇在河长制的基础上完善了湖长制工作体系。

【案例 2-3】　中共稽东镇委员会　稽东镇人民政府《关于全面推行"湖长制"管理工作的实施方案》

根据《中共绍兴市委办公室　绍兴市人民政府办公室印发〈关于全面推行"湖长制"管理工作的意见〉的通知》（绍市委办发〔2017〕62 号）及《中共柯桥区委办公室　柯桥区人民政府办公室印发〈关于全面推行"湖长制"管理工作的意见〉的通知》（区委办〔2017〕127 号）文件精神，打造"河长制"升级版，最大限度发挥湖（库）功能，经镇党委、政府领导同意，决定在全镇范围内全面推行"湖长制"管理工作。

一、目的意义

稽东镇现有总库容在 1 万 m^3 以上的水库（山塘）56 座，其中：小型（10 万～100 万 m^3）7 座，重要山塘（1 万～10 万 m^3）49 座。

湖泊、水库、山塘（以下简称"湖库"）是河流的"源"、河流的"眼"，上游的"湖"连着水源保护区和饮用水功能区，下游的"湖"连着河道水，集中了滞洪、调蓄、净化、水生态修复等功能，是全镇乃至全区人民的饮用水主要水源地，也是美丽乡村建设的重要生态之源。在全镇范围内全面推行"湖长制"，打造"河长制"管理升级版，推进"河长"向"湖长"的延伸和提升，有利于巩固"五水共治"成果，强化源头治理；有利于增强公众治水工作获得感，提升治水工作自觉性；有利于更好发挥湖（库）对河流水质提升、乡村美丽经济打造等自然生态和社会经济功能。

二、实施范围及主要目标

对全镇范围内的总库容在 1 万 m^3 以上的 56 座重要水库（山塘）全面推行"湖长制"管理。

（1）到 2017 年 8 月底，全镇湖（库）实现"湖长制"全覆盖，构建起责任明确、协调有序、监管严格、保护有力的湖（库）管理保护机制。到 2017 年年底，全镇所有湖（库）全面消除Ⅴ类及以下水。

（2）到 2018 年，全镇重点湖（库）达到或优于Ⅲ类水质、水功能区水质达标率达到 100%。

（3）到 2020 年，全镇所有湖（库）达到或优于Ⅲ类水质、水功能区水质达标率达到 100%；全面建成湖（库）健康保障体系，实现水域不萎缩、功能不衰减、生态不退化；保持水域水体洁净，实现环境整洁优美、水清岸绿。

三、湖长设置及职责分工

（一）湖长设置

全镇总库容在 1 万 m^3 以上的水库（山塘）设置湖长。

（1）党委、政府主要负责人担任本镇行政区域的总湖长。

（2）重点湖（库）由区领导担任区级湖长，区级相关部门为湖长联系部门。同时，镇配备相应镇级、村级湖长。

总库容 5 万 m^3 以上的水库（山塘）设置镇级、村级两级湖长，水库所在村驻村指导员为联络员。总库容 1 万～5 万 m^3 的水库（山塘）设置村级湖长。

（3）明确有湖长的湖（库），设置湖长公示牌。

（4）各级湖长发生变动的，应在7个工作日内完成工作交接，并报镇级河长办备案。

（二）湖长职责

（1）总湖长是本镇行政区域湖（库）管理保护的第一责任人，对湖（库）管理保护负总责，每年组织召开1次以上"湖长制"工作会议。

（2）镇级、村级湖长是包干湖（库）管理保护的直接责任人。镇级联络员（水库所在村驻村指导员）具体负责对包干湖（库）的日常巡查，协助镇级湖长开展工作。村级湖长要对包干湖（库）进行日常巡查管护，及时发现和解决问题，并协助上级湖长开展工作。

（三）责任主体职责

镇党委、政府及各行政村是所辖行政区域内湖（库）管理保护的责任主体，负责组织实施"一湖一策"治理方案明确的年度各项目标任务。

四、重点任务及工作机制

（一）重点任务

全面贯彻落实《中共中央办公厅　国务院办公厅关于全面推行河长制的意见》精神，落实治水工作"六项任务"，即加强湖（库）水污染防治、加强湖（库）水环境治理、加强水资源保护、加强湖（库）水域岸线管理保护、加强湖（库）水生态修复、加强湖（库）水环境执法监管。

（二）组织机构

镇治水办（设在新农办）负责组织、指导、监督全镇"湖长制"管理工作。各行政村负责组织落实推进本区域内"湖长制"管理工作。

（三）工作机制

参照《绍兴市河长工作规则（试行）》，全面建立湖长巡河、信息公开、例会和报告、协调治理、考核问责五大工作机制，推进"湖长制"管理工作扎实有序开展。

五、保障措施

（一）加强组织领导

各村要把推行"湖长制"作为深化"河长制"，推进"五水共治"和生态文明建设的重要举措，切实加强组织领导，狠抓责任落实。同时，要切实发挥人

大、政协作用，加强对"湖长制"工作的监督。镇治水办、经发办（环保线）、经发办（水利站）等部门要建立协调机制，密切配合，共同推进"湖长制"工作。镇机关各办和工、青、妇等群团组织，要各司其职，形成工作合力。

（二）加强要素保障

要认真开展湖（库）管理保护和实施"湖长制"工作，加强财政保障，引导社会资本参与，建立长效、稳定的湖（库）管理保护投入机制。要以市场化、专业化、社会化为方向，加快培育水环境治理、湖（库）维修养护、湖（库）保洁等市场主体。镇治水办、经发办（环保线）、经发办（水利站）要把"湖长制"落实情况作为日常督查的重要内容，并纳入环境保护督察内容。镇治水办要加强对相关工作落实情况的督促检查，并每季度通报一次本镇湖（库）管理保护情况。

（三）加强宣传引导

要充分利用报纸、广播、电视、互联网等多种媒体，广泛宣传"湖长制"工作，引导社会各界关心、支持、参与治水。积极发挥新闻媒体舆论监督作用，加大问题湖（库）、问题湖长曝光力度。广泛组建护水志愿者队伍，聘请社会监督员对湖（库）管理保护效果进行监督评价，发动公众参与，努力营造全民治水护水的良好氛围。

2.2 任务体系

要解决"问题在水里，根子在岸上"这一长期以来想解决而未能有效解决的问题。通过落实水污染防治、水环境治理、水资源保护、河湖水域岸线管理保护、水生态修复、执法监管这六项任务，对河湖进行系统治理，根治河湖水体质量恶化等顽疾。全面推行河长制的各项任务，在时间上、空间上、要素上统筹协同推进，能更好更快地实现河湖保护治理的目标。同时，各地河湖水情不同，发展水平不一，河湖保护面临的突出问题也不尽相同，应坚持问题导向，因地制宜，因河施策，着力解决河湖管理保护的难点、热点和重点问题。

2.2.1 河长的六大任务

1. 水污染防治

落实《水污染防治行动计划》，明确河湖水污染防治目标和任务，统筹水上、岸上污染治理，完善入河湖排污管控机制和考核体系。排查入河湖污染源，加强综合防治，严格治理工矿企业污染、城镇生活污染、畜禽养殖污染、水产养殖污染、农业面源污染、船舶港口污染，改善水环境质量。优化入河湖排污口布局，实施入河湖排污口整治。

2. 水环境治理

强化水环境质量目标管理，按照水功能区确定各类水体的水质保护目标。切实保障饮用水水源安全，开展饮用水水源规范化建设，依法清理饮用水水源保护区内违法建筑和排污口。加强河湖水环境综合整治，推进水环境治理网格化和信息化建设，建立健全水环境风险评估排查、预警预报与响应机制。结合城市总体规划，因地制宜建设亲水生态岸线，加大黑臭水体治理力度，实现河湖环境整洁优美、水清岸绿。以生活污水处理、生活垃圾处理为重点，综合整治农村水环境，推进美丽乡村建设。

3. 水资源保护

落实最严格水资源管理制度，严守水资源开发利用控制、用水效率控制、水功能区限制纳污三条红线，强化地方各级政府责任，严格考核评估和监督。实行水资源消耗总量和强度双控行动，防止不合理新增取水，切实做到以水定需、量水而行、因水制宜。坚持节水优先，全面提高用水效率，水资源短缺地区、生态脆弱地区要严格限制发展高耗水项目，加快实施农业、工业和城乡节水技术改造，坚决遏制用水浪费。严格水功能区管理监督，根据水功能区划确定河流水域纳污容量和限制排污总量，落实污染物达标排放要求，切实监管入河湖排污口，严格控制入河湖排污总量。

4. 河湖水域岸线管理保护

严格水域岸线等水生态空间管控，依法划定河湖管理范围。落实规划岸线分区管理要求，强化岸线保护和节约集约利用。严禁以各种名义侵占河道、围垦湖泊、非法采砂，对岸线乱占滥用、多占少用、占而不用等突出问题开展清理整治，恢复河湖水域岸线生态功能。

5. 水生态修复

推进河湖生态修复和保护，禁止侵占自然河湖、湿地等水源涵养空间。在规划的基础上稳步实施退田还湖还湿、退渔还湖，恢复河湖水系的自然连通，加强水生生物资源养护，提高水生生物多样性。开展河湖健康评估。强化山水林田湖系统治理，加大江河源头区、水源涵养区、生态敏感区保护力度，对三江源区、南水北调水源区等重要生态保护区实行更严格的保护。积极推进建立生态保护补偿机制，加强水土流失预防监督和综合整治，建设生态清洁型小流域，维护河湖生态环境。

6. 执法监管

建立健全法规制度，加大河湖管理保护监管力度，建立健全部门联合执法机制，完善行政执法与刑事司法衔接机制。建立河湖日常监管巡查制度，实行河湖动态监管。落实河湖管理保护执法监管责任主体、人员、设备和经费。严厉打击涉河湖违法行为，坚决清理整治非法排污、设障、捕捞、养殖、采砂、采矿、围垦、侵占水域岸线等活动。

2.2.2　湖长的六大任务

1. 严格湖泊水域空间管控

各地区各有关部门要依法划定湖泊管理范围，严格控制开发利用行为，将湖泊及其生态缓冲带划为优先保护区，依法落实相关管控措施。严禁以任何形式围垦湖泊、违法占用湖泊水域。严格控制跨湖、穿湖、临湖建筑物和设施建设，确需建设的重大项目和民生工程，要优化工程建设方案，采取科学合理的恢复和补救措施，最大限度减少对湖泊的不利影响。严格管控湖区围网养殖、采砂等活动。流域、区域涉及湖泊开发利用的相关规划应依法开展规划环评，湖泊管理范围内的建设项目和活动，必须符合相关规划并进行科学论证，严格执行工程建设方案审查、环境影响评价等制度。

2. 强化湖泊岸线管理保护

实行湖泊岸线分区管理，依据土地利用总体规划等，合理划分保护区、保留区、控制利用区、可开发利用区，明确分区管理保护要求，强化岸线用途管制和节约集约利用，严格控制开发利用强度，最大程度保持湖泊岸线自然形态。沿湖土地开发利用和产业布局，应与岸线分区要求相衔接，并为经济社会可持续发展预留空间。

3. 加强湖泊水资源保护和水污染防治

落实最严格水资源管理制度，强化湖泊水资源保护。坚持节水优先，建立健全集约节约用水机制。严格湖泊取水、用水和排水全过程管理，控制取

水总量，维持湖泊生态用水和合理水位。落实污染物达标排放要求，严格按照限制排污总量控制入湖污染物总量、设置并监管入湖排污口。入湖污染物总量超过水功能区限制排污总量的湖泊，应排查入湖污染源，制定实施限期整治方案，明确年度入湖污染物削减量，逐步改善湖泊水质；水质达标的湖泊，应采取措施确保水质不退化。严格落实排污许可证制度，将治理任务落实到湖泊汇水范围内各排污单位，加强对湖区周边及入湖河流工矿企业污染、城镇生活污染、畜禽养殖污染、农业面源污染、内源污染等综合防治。加大湖泊汇水范围内城市管网建设和初期雨水收集处理设施建设，提高污水收集处理能力。依法取缔非法设置的入湖排污口，严厉打击废污水直接入湖和垃圾倾倒等违法行为。

4. 加大湖泊水环境综合整治力度

按照水功能区区划确定各类水体水质保护目标，强化湖泊水环境整治，限期完成存在黑臭水体的湖泊和入湖河流整治。在作为饮用水水源地的湖泊，开展饮用水水源地安全保障达标和规范化建设，确保饮用水安全。加强湖区周边污染治理，开展清洁小流域建设。加大湖区综合整治力度，有条件的地区，在采取生物净化、生态清淤等措施的同时，可结合防洪、供用水保障等需要，因地制宜加大湖泊引水排水能力，增强湖泊水体的流动性，改善湖泊水环境。

5. 开展湖泊生态治理与修复

实施湖泊健康评估。加大对生态环境良好湖泊的严格保护，加强湖泊水资源调控，进一步提升湖泊生态功能和健康水平。积极有序推进生态恶化湖泊的治理与修复，加快实施退田还湖还湿、退渔还湖，逐步恢复河湖水系的自然连通。加强湖泊水生生物保护，科学开展增殖放流，提高水生生物多样性。因地制宜地推进湖泊生态岸线建设、滨湖绿化带建设、沿湖湿地公园和水生生物保护区建设。

6. 健全湖泊执法监管机制

建立健全湖泊、入湖河流所在行政区域的多部门联合执法机制，完善行政执法与刑事司法衔接机制，严厉打击涉湖违法违规行为。坚决清理整治围垦湖泊、侵占水域以及非法排污、养殖、采砂、设障、捕捞、取用水等活动。集中整治湖泊岸线乱占滥用、多占少用、占而不用等突出问题。建立日常监管巡查制度，实行湖泊动态监管。

2.3　制度体系

全面推行河长制涉及党政多个部门，明确各项工作的规则和要求，建立健全工作机制，是河长制能够取得预期效果的关键保障。河长制必须要建立的工作制度包括河长会议制度、信息共享制度、信息报送制度、工作督察制度、考核问责与激励机制、验收制度等。建立健全相关的保障制度，包括经费预算、机构设置与人员安排等，确保有人干事、有钱干事。同时，各地要结合实际情况，完善公众参与机制，畅通公众参与渠道，引导和鼓励公众参与河长制相关工作。

体制体系主要包括法律法规、行政管理、考核、群众监督等体系。在法律法规方面浙江省出台了《浙江省河长制规定》。行政管理方面从省级到乡镇设立河（湖）长办公室。

以下重点介绍河（湖）长制必须要建立的工作制度包括河（湖）长设置规则、河（湖）长会议制度、河（湖）长考核制度、信息报送制度、巡河制度、工作督察制度、举报投诉受理制度等。

2.3.1　河（湖）长设置规则

河（湖）长设置是河（湖）长制最基础的工作，一般应结合本省实际来制定规则，其规则主要应包括河（湖）长的构架、各级河（湖）长的职责范围、人员选聘及调整等内容。

【案例 2-4】　浙江省河（湖）长的设置

1. 河（湖）长设置原则

全省设省、市、县、乡、村五级河长体系，湖长体系纳入河长制体系统一管理。乡镇级及以上河（湖）长由同级党委、人大、政府、政协负责同志担任，村级河长由村级负责同志担任。

全省所有湖泊、水库原则上纳入全面推行湖长制管理内容，名称统一为"湖长"。湖泊（水库）湖长原则上由所在河流的河长担任，也可单独设置。各级总河长对本行政区湖库管理保护负总责。

2. 河长设置

跨设区市的钱塘江、瓯江、苕溪、运河、曹娥江、飞云江 6 条河道干流最高层级河长由省级负责同志担任。除上述 6 条河道外的其他省级河道、市级河道、河道治理问题特别突出和功能特别重要及跨县（市、区）行政区域的县级河道原则上最高层级河长由设区市级负责同志担任。

不跨县（市、区）的县级河道、河道治理问题特别突出和功能特别重要及跨乡镇行政区域的河道原则上最高层级河长由县级负责同志担任。

河道治理问题特别突出和功能特别重要及跨行政村河道原则上最高层级河长由乡镇（街道）负责同志担任。

其他河道最高层级河长由村级负责同志担任。

各河道在最高层级河长确定后，根据河道所流经行政区域分级分段设立各级河长，直至村级河长。农村小河道也可以村为单位设立片区河长。

3. 湖长设置

千岛湖（新安江水库）和仙霞湖（湖南镇水库）最高层级湖长由钱塘江省级河长担任。

太湖（浙江省境内）最高层级湖长由苕溪省级河长担任。

跨省其他湖泊（水库），设区市域内水面面积 $1km^2$ 及以上湖泊、大型水库、市直管湖泊（水库）和跨县级行政区域重点湖泊（水库），最高层级湖长原则上由设区市级负责同志担任。

县域内水面面积 $0.5km^2$ 及以上湖泊、中型水库、县直管湖泊（水库）、跨县级行政区域其他湖泊（水库）和跨乡镇湖泊（水库），最高层级湖长原则上由所在县（市、区）负责同志担任。

其他湖泊（水库）最高层级湖长由乡镇（街道）负责同志担任。

最高层级湖长以下按照所在行政区域逐级分区设立湖长，形成网格化、全覆盖。

4. 河（湖）长公布

各级河（湖）长名单应当向社会公布，并在水域沿岸显要位置设立河（湖）长公示牌；乡镇级以上河（湖）长应在当地政府网站或其他公众媒体公布。

5. 河（湖）长调整

各地治水办（河长办）应规范河（湖）长调整程序，河（湖）长信息发生变更的应及时更新。

河（湖）长人事变动的，应在 7 个工作日内完成新老河（湖）长的工作交接，并在媒体、信息化管理平台、公示牌上及时更新。

设区市河（湖）长设置可以在省级的要求下进行细化或深化。如浙江省绍兴市专门制定了《河长制工作规范》《湖长制工作规范》等地方标准。

绍兴市地方标准《河长制工作规范》规定：各级党委、政府主要负责同志担任本地区总河长。乡级及以上河长由同级党委、人大、政府、政协负责同志担任，村级河长由村级负责同志担任。跨行政区域的水域，原则上由共同的上级负责同志担任河长。乡级及以上河长管理的水域应设立河道警长，全力护航河长制工作。县级及以上河长应明确相应的联系部门。市、县（市、区）及市直开发区应设置河长制工作机构，实行集中办公，乡级可根据需要设立河长制工作机构或落实人员负责河长制工作。

绍兴市地方标准《湖长制工作规范》规定：绍兴市建立省、市、县、乡、村五级湖长体系。各级党委、政府主要负责同志担任各行政区域的总湖长。跨市行政区域的重要湖（库）设立省级湖长，由省级机构负责。市行政区域内跨县级行政区域的湖泊、0.5km^2 以上的湖泊、大中型水库、市本级直管水库和市级湖长制工作机构认为重要的湖（库），其最高层级湖长原则上由市级负责同志担任。县级行政区域内跨乡镇级行政区域的湖泊、县（市、区）本级直管水库，其最高层级湖长原则上由县级负责同志担任。其他湖（库）的最高层级湖长原则上由乡镇（街道）负责同志担任。最高层级以下湖长按照所在行政区域逐级分区设立。乡级及以上湖长管理水域应设立湖（库）警长全力护航湖长制工作。县级及以上湖长应明确相应的联系部门。市、县（市、区）应设置湖长制工作机构，实行集中办公，乡级可根据需要设立湖长制工作机构或落实人员负责湖长制工作。

2.3.2　河（湖）长会议制度

河（湖）长会议主要内容为：传达贯彻上级河（湖）长要求、布置本级及以下河（湖）长工作、协调本级河（湖）长间关系、处理本级及以下河（湖）长发现的问题等。

县及县以上一般均设有专门的河（湖）长办事机构，河（湖）长会议可以通过该办事机构加以落实。如绍兴市地方标准《河长制工作规范》规定：各级总河长每年组织召开1～2次本行政区域的河长会议。市级河长召开联席会议，全年不少于 2 次，研究部署、协调落实、督查考核市级河道的治理情况。联席会议成员一般包括市、县、乡级河长，联系部门负责同志以及相关职能部门负责同志。县级及以上河长制工作机构每季度通报 1 次本行政区域河长制工作开展情况，并报上一级河长制工作机构。县级河长定期召开包干水域工作例会，每月不少于 1 次。县级河长定期向县级总河长书面报告工作情况，每月不少于 1 次。

乡镇级河（湖）长一般不设专门的河（湖）长办事机构，但是需要收集下一级河（湖）长（村级）的信息，因此，乡镇级总河（湖）长需要结合本地实际，制定一定的联系沟通机制，会议工作制度就是其中的方式之一。

【案例 2 - 5】 ××镇河长制会议制度

为全面推进落实河长制，研究部署河长制有关政策措施，协调解决河湖管理保护中的重点难点问题，结合我镇实际，制定本制度。

一、议事范围

（1）学习传达各级党委、政府加强生态文明建设、全面推行河长制相关方针、政策，安排部署贯彻落实意见、措施。

（2）研究决定全面推行河长制重大决策、重要规划、重要制度。

（3）研究确定河长制年度工作要点和考核方案。

（4）研究河长制表彰、奖励及重大责任追究事项。

（5）协调解决全局性重大问题。

（6）县级总河长批示研究的其他事项。

二、出席范围

会议由镇总河长主持召开。出席人员包括村级河长、镇各站办所负责人、水管所负责人等，其他出席人员由镇河长根据需要确定。

三、议事规则

河长会议原则上每年年初召开一次。根据工作需要，经镇河长同意，可另行召开。

2.3.3 河（湖）长考核制度

考核制度主要是上级部门对河（湖）长［或者上级河（湖）长对下级河（湖）长］的工作完成程度的考核，下级河（湖）长要根据上级河（湖）长的要求并结合地方实际给予细化，特别是乡镇级河长应制订可操作的考核制度。

【案例 2 - 6】　《杭州市余杭区镇街级河长考核实施办法（试行)》

一、考核对象

全区区级河道分段河长、镇街级河道河长。

因人事变动等原因，河长中途调整的，任职未满 3 个月的不列入考核范围。一年内先后任职两条及以上河道"河长"的，以任职时间长的河道为考核河道。一名"河长"同时任职多条河道"河长"的，多条河道作为整体进行考核。

二、考核内容

重点考核河长在河道治理中"管、治、保"履职情况，具体内容为组织领导、日常履职、工作成效三个部分，以及附加分。具体考核细则详见附件。

三、考核方法及时间安排

（一）实施主体

考核在区"五水共治"工作领导小组领导下组织实施，具体由区"五水共治"工作指挥部综合协调办公室（"河长制"办公室）牵头。

（二）考核方式

采取定期考核、日常抽查、社会监督与年终考核相结合的方式，以明察暗访为主。日常考核主要通过日常抽查、暗访、专项督查、巡查等形式进行。年终考核采取全要素考核，主要以听取各地工作汇报、现场检查、查阅台账资料等方式进行。

（三）时间安排

日常考核不定期开展；年终考核时间安排在年底或次年年初。

（四）评分方法

日常考核及通报结果计入年终考核。年终考核实行百分制，设置附加分10 分。对于工作任务重，工作有创新，在省、市、区河长制工作中被树为典型和具有示范意义的，工作成效突出受到省、市、区表彰的，经认定可以酌情加分。

四、考核结果运用

各地河长考核年度结果将作为各镇街、平台"五水共治"考核重要依据。

河长履职情况对成绩突出、成效明显，给予通报表扬；对工作不力、考核不合格的，给予通报批评。对因履职不到位或失职渎职导致发生整体水质明显恶化或垃圾河、黑臭河大面积反弹的，将按照《余杭区"五水共治"工作效能问责暂行办法》（区委办〔2014〕88号）、《关于进一步明确余杭区"清三河"问题责任追究制度（试行）》（余政办〔2016〕66号）追究相关人员责任。

五、其他说明

（1）村（社区）级河长的考核，由各镇街、平台制定考核办法并组织实施。

（2）本办法自发布之日起正式实施。

附件：余杭区镇街级河长考核实施办法（试行）

余杭区镇街级河长考核实施办法（试行）

考核项目	考核内容	分值	考 核 要 求	自评分	考核分
组织领导（25分）	牵头制定"一河一策"方案	5	河长牵头"一河一策"方案的制订，熟知方案内容。对"一河一策"方案未制订的扣5分，制定不合理的扣3分，对方案内容不熟悉的扣2分		
	制订年度工作计划，并组织该计划实施	5	河长牵头制订河道年度治理工作计划，未制订的扣5分，制订不科学不合理的扣3分		
	推进联动治水	5	在河长统一领导下开展工作，加强上下游河长的沟通配合，加强对村级河长的指导，定期与"民间河长"和治水自愿者进行沟通，听取意见，共商治水方案，未沟通的扣3分，未指导的扣2分		
	宣传发动"政企民"参与治水	5	通过会议宣传、制定村规民约、树立宣传标牌等方式方法，广泛宣传发动河道沿岸居民、企事业单位共同参与河道保护，宣传发动效果差的酌情扣分		
	河长手册记录情况	5	河长要认真、及时填写河长手册，未填写的扣5分，未认真填写的扣3分，未及时填写的扣2分		
日常履职（55分）	开展巡查河道	10	每月完成巡河三次（每旬一次），检查重点居住小区、企业、养殖场等排放口情况，杜绝污水直排河道，并在《河长手册》中做好巡河记录，少巡查（记录）1次扣1分，最高扣10分		

续表

考核项目	考核内容	分值	考 核 要 求	自评分	考核分
日常履职 （55分）	河长公示牌设置规范	10	河长制公示牌设置规范、信息完整、及时更新，并熟知所公示内容，河长电话保持畅通。对设置不规范、信息不完整、更新不及时的，每发现一次扣2分，最高扣10分		
	实施信息化管理	10	河长使用"杭州河道水质"APP，按要求上传巡查记录、电子签到、处理投诉（巡河一月三次，每旬一次；签到为每天一签到；投诉处理期限为5个工作日内完成）。巡河记录少上传一次扣1分，少签到一次扣0.5分，未按期处理投诉的扣1分，最高扣10分		
	落实河道长效保洁制度	10	对河道保洁情况进行监督、检查，保持河道水清、河净；被区级督查发现一处保洁不到位的，扣1分，未及时处理的扣2分；被省市级督查发现的，每处扣2分，未及时处理的扣4分，最高扣10分		
	落实河道禁渔制度	5	上级督查发现电鱼、毒鱼案件的，每次扣1分；未及时处置的扣2分		
	落实河道砂石资源保护和合理利用制度	5	发现非法采砂案件及时上报及处置的一次扣1分；未及时上报、处置的扣2分		
	落实河道绿化带禁止种植作物、违法建筑的制度	5	发现河道绿化带内种植作物或种植大片蔬菜等作物的、河道沿岸有违法建筑的，扣2分，及时清除、拆除的扣1分		
工作成效 （20分）	推进河道治理项目	5	未能按计划推进河道清淤、消除排污口、防洪工程等项目实施，每通报一次扣2分，最高扣5分		
	及时完成区五水共治办交办的相关工作	5	对区"五水共治"办交办的相关工作，未及时处理和反馈的，每件扣2分，最高扣5分		
	群众满意度	5	河道被群众投诉举报的，每查实一次，扣2分，最高扣5分		
	媒体曝光扣分	5	区级媒体曝光且及时整改的，不予扣分；区级媒体曝光且整改不到位的，市级以上媒体曝光的，根据河长职责，酌情扣1～5分		

续表

考核项目	考核内容	分值	考 核 要 求	自评分	考核分
附加分 （10）	亮点特色工作 加分	10	河长工作创新做法得到区领导指示肯定的，加3分；杭州市相关部门以上领导指示肯定的，加5分；典型工作在杭州市级以上主流媒体正面报道或信息在省市治水办、河长办简报刊发的，加5分		

【案例 2－7】 ××镇河长工作考核办法

为确保我镇河长制目标任务的落实，使河长制工作扎实推进，现根据××县河长办公室有关文件规定，制定本办法。

一、考核对象

各村河长。

二、考核内容

主要包括"河长制"工作制度机制、"河长制"工作督考、"河长制"基础工作等指标，并分别细化赋分。

三、考核方式

考核包括月度考核和年度考核。月度考核由镇党政办公室牵头组织各职能部门组成考核检查组，镇河长办负责联系沟通，按照"统一标准，分组考核"的原则，采用听取工作汇报、现场检查、查阅台账资料、召开座谈会等方式。

四、考核评分

工作考核评分采用百分制，即

年度考核得分＝月度综合考核得分均值×70％＋年度综合考核得分×30％

月度综合考核得分均值＝月度综合考核得分之和/12

当月考核扣分点在下个月考核之前未整改到位，按相关标准加倍扣分，直至完成整改。

考核结果分四档：90分（含90）以上为优秀、80（含80）～90分为良好、70（含70）～80分为合格、70分以下为不合格。

（1）对上级督查发现的问题、媒体报道的问题未及时整改落实的，一次扣5分，20分扣完为止。

（2）发现河长牌联系方式不通的每处扣5分；发现河长牌不干净整洁的每个扣5分；20分扣完为止。

（3）未制定"一河一策"的，最高扣 10 分；未制订年度计划的最高扣 10 分；20 分扣完为止。

（4）河道、岸坡发现漂浮物、垃圾等污染物的一处扣 2 分；河道管理范围内发现违章的一处扣 5 分；未及时上报涉河排污口的，一处扣 4 分；未设置涉河排污口标志牌的，一处扣 2 分；40 分扣完为止。

（5）"河长"巡查台账记录情况，巡查台账每日一次，缺一篇扣 2 分。10 分扣完为止。

2.3.4　信息报送制度

信息报送和传递是河长制的重要内容，是上级河长了解下级河长的关键渠道之一。如绍兴市地方标准《河长制工作规范》规定：县级及以上河长制工作机构每季度通报 1 次本行政区域河长制工作开展情况，并报上一级河长制工作机构。县级河长定期召开包干水域工作例会，每月不少于 1 次。县级河长定期向县级总河长书面报告工作情况，每月不少于 1 次。乡级河长巡查发现问题应及时安排解决，在其职责范围内暂无法解决的，应当在 1 个工作日内将问题书面或通过网络信息平台提交有关职能部门解决，并告知当地河长制工作机构。

乡镇级河长是基层河长，有的地方乡镇级河长还需要管理村级河长，因此，也有必要建立相应的报送制度。

【案例 2-8】　××镇河长制信息报送制度（试行）

第一条　镇河长制办公室要建立信息专报和政务工作简报制度。遵循原则：

（1）及时。重要信息早发现、早收集、早报送。紧急或重要信息报送应直呈、直报。

（2）准确。实事求是，表述、用词、分析、数字务求准确。

（3）高效。以第一手情况、第一道研判、第一时间报送作为工作目标，为科学决策、指导推进河长制工作，提供高效率、高质量的服务保障。

第二条　建立信息专报制度。

（1）报送方式。各村（社区）应将重要、紧急的河长制政务信息第一时间整理上报至镇河长制办公室，镇河长制办公室负责整理选取、编辑、汇总、上报。

（2）信息处理。村级河长制联络员应事先将上报信息梳理清楚，确保重要事项表述清晰、关键数据准确无误，镇河长制办公室对上报信息进行审核。专

报政务信息实行一事一报，由镇河长制办公室主任签发。

（3）信息内容。专报党委、政府的政务信息由镇河长制办公室主任签发。主要事项包括：

1）贯彻落实区委、区政府决策、措施和工作部署。

2）镇级总河长、河长批办事项。

3）河湖保护管理工作中出现的重大突发性事件。

4）跨流域、跨地区、跨部门的重大协调问题。

5）反映地方创新性、经验性、苗头性、问题性及建议性等的重要政务信息。

6）舆情信息纳入编报范围。对新闻媒体、网络反映的涉及河湖库保护管理和河长制工作的热点舆情。

7）其他专报事项。

第三条 建立政务工作简报制度。

（1）报送方式。各村（社区）联络员要将重要的河长制政务信息、举措部署、工作动态加盖本村（社区）及支委（部）公章后上报至镇河长制办公室，不得迟报、瞒报和漏报。镇河长制办公室负责整理汇总、选取要点。

（2）信息处理。信息要求突出重点，简明扼要，镇河长制办公室报送区河长制办公室。

（3）主要内容。贯彻落实上级重大决策、部署等工作推进；镇河长制重要工作进展、阶段性目标、完成成果；河湖库管理保护和镇级河长制工作涌现的新思路、新举措、典型做法、先进经验及工作创新、特色和亮点；反映河长制工作的新情况、新问题和建议意见。

第四条 建立镇河长制工作通报制度。

（1）通报内容。各村（社区）对上级有关河长制工作、重要部署的落实情况；年度工作目标、工作重点推进情况；对重点督办事项的处理进度和完成效果；危害河湖库保护管理的重大突发性应急事件处置；表扬、批评和责任追究。

（2）工作要求。镇河长制办公室承办镇级河长制工作通报，签通报内容由主任签发；镇河长制工作通报原则上每月通报1次。重要的工作调度、工作进展以及公众关注的重要事项适时通报。

第五条 镇河长制办公室定期统计并通报有关部门和村（社区）采用的政

务信息情况。

第六条　镇河长制办公室对在镇级河长制信息通报工作中取得突出成绩的个人给予表扬。

第七条　对具体工作中，违反本制度，信息通报工作中不作为、慢作为、乱作为导致发生严重后果、重大舆情事故和工作被动的单位和个人，将依法依规追究单位和个人责任。

2.3.5　巡河制度

巡河制度也称巡河工作制度。主要目的是规范各级河（湖）长巡河工作标准或要求。

巡河工作制度主要包括职责分工、巡河频次和内容、巡河记录、问题整改、考核奖惩等方面的规定。巡河工作制度首先要明确各级河（湖）长、河长办的职责，上级河长要督导下级河长履行巡河职责，各级河长办应积极支持并协助河长巡河；其次要明确各级河长巡河的力度，巡河时要重点检查、巡查的内容，如河道水体、入河排污口、河道设施等是否存在异常情况；最后是要求各级河长应准确、详细记录河长巡河起止时间、巡河人员、巡河路线等内容，对于发现的问题，应妥善处理并跟踪解决到位。

【案例 2－9】　××县河长巡查制度

各级河长要切实履行管、治、保"三位一体"职责，加大对包干河道的巡查力度。

（1）巡查频次。市级河长不少于每月 1 次；区县级河长不少于半月 1 次；镇街级河长不少于每旬 1 次；村社区级河长不少于每周 1 次。

（2）巡查重点。重点是河道截污纳管、日常保洁是否到位；工业企业、畜禽养殖场、污水处理设施、服务行业企业等是否存在偷排、漏排及超标排放等环境违法行为，是否存在各类污水直排口、涉水违法建（构）筑物、弃土弃渣、工业固废和危险废物等。

（3）巡查要求。每次巡查都要做好记录，发现问题及时妥善处理；特别是发现重大污染事故或污染隐患的，要第一时间联系或督促有关部门查处。

【案例 2－10】　××县河长巡查制度

为进一步健全河长工作体系，督促河长定时监管、记录责任河渠治水工作进展情况，有效实现河长主动参与治水。特制定河长巡查机制：

（1）镇、村各级河长每人一本《河长日记》，要求镇级河长一周一巡查，村级河长一日一巡查。巡查内容：河中漂浮废弃物情况；河中违法障碍物、构筑物情况；河岸10m范围内垃圾堆放情况；河岸10m范围内新建违法建筑物、构筑物情况；河底污泥淤积情况；河道沿岸是否有污水直排等。

（2）要求将责任河渠涉及的各类事项形成文字材料记录在日记本上。

2.3.6 工作督察制度

为确保河（湖）长制工作落到实处、见到实效，结合当地工作实际，各级河（湖）长对应的政府部门应制定河（湖）长制工作督察制度。

河（湖）长制工作督察制度主要内容包括督察主体（或督察组织）、督察对象、督察内容、督察形式、督察结果运用等。

【案例 2－11】 浙江省河长制工作督察制度

第一条 为贯彻落实中央办公厅、国务院办公厅《关于全面推行河长制的意见》精神，规范开展河长制督察工作，根据《水利部、环境保护部贯彻落实〈关于全面推行河长制的意见〉实施方案》和《浙江省河长制规定》要求，制定本制度。

第二条 本办法适用时全省各设区市的河长制工作督察。各设区市、县（市、区）根据本制度制定本辖区内河长制工作督察制度。

第三条 督察主体。

省河长制工作机构根据年度工作计划、省总河长的指示要求，对各设区市河长制工作开展督察，原则上每年不少于1次。

第四条 督察对象。

各设区市河长制建设与运行。

第五条 督察内容。

（1）中共中央办公厅、国务院办公厅《关于全面推行河长制的意见》等中央重要文件贯彻落实情况；各级工作方案出台及落实、组织体系建设与责任落实、相关制度与政策措施制定、监督与考核等中央下达各项任务的执行情况。

（2）中共浙江省委办公厅、浙江省人民政府办公厅《关于全面深化落实河长制进一步加强治水工作的若干意见》等省重要文件贯彻落实情况；全省河长制工作会议、省级河长会议、省河长制办公室成员单位联席会议等会议精神贯彻落实情况；省总河长、省级河长指示要求贯彻落实情况。

（3）市级及以下各级河长、河长制工作机构等履职情况。

（4）河湖名录、一河（湖）一策、一河（湖）一档、信息管理平台、宣传与培训等各项基础工作推进情况。

（5）围绕河长制六大任务组织开展的各项专项整治行动的执行情况。

（6）各项督察检查、省河长制工作机构挂牌督办、媒体曝光、公众投诉举报的问题整改落实情况等。

第六条　组织形式及工作要求。

（1）督察采用明察、暗访相结合的工作方式。暗访遵循"三不"（不定时间、不打招呼、不听汇报）、"三直"（直奔现场、直接检查、直接扣分）的原则。

（2）督察坚持"三个导向"：一是问题导向，根据区域特点，查找突出问题；二是群众导向，根据群众需求，督促解决问题；三是结果导向，根据管治结果评价机制成效。

（3）督察工作人员应严格遵守中央"八项规定"和相关纪律要求。

第七条　问题整改及督察结果运用。

（1）督察结束后 10 个工作日内，省河长制工作机构根据问题清单、整改意见及建议，完成督察报告，书面反馈给督察对象，督察对象根据督察报告要求，及时完成整改，向省河长制工作机构提交整改报告。

（2）督察结果及问题整改情况纳入河长制工作年度考核作为评分和奖惩的依据。督察对象未按督察报告要求及时、规范开展整改工作的，省河长制工作机构要予以通报并在河长制工作年度考核中扣分。

（3）督察过程中发现的新经验、好做法，由省河长制工作机构通报表扬。

（4）督察过程中发现重点工作落实不到位、进度严重滞后等突出问题的，予以挂牌督办，报告省级河长或省总河长。

第八条　本制度自颁布之日起实施。

【案例 2-12】　××镇河长制督察制度（试行）

为全面落实《县委办公室、县政府办公室关于印发〈全面推行河长制工作方案〉的通知》，保障河长制工作有效开展，按照县河长办要求，结合我镇实际，制定本制度。

第一条　本制度所称督察，是按照镇第一河长、河长、副河长和镇级河长

全面推行河长制工作的决策部署，对各站所、各相关行政村推进落实情况的检查督察等。

第二条　镇河长制办公室负责镇级河长制工作督察的具体组织协调工作。

第三条　督察主体和对象

（1）镇级河长督察村级河长、副河长。

（2）镇级河长制办公室受镇级河长委托，督察村级河长、副河长。

第四条　督察范围和内容

（1）国家、省、市、县重大政策、意见等落实情况。

（2）上级总河长会议的决策部署，第一河长、河长、副河长重要指示、批示及其他交办事项的贯彻落实情况。

（3）镇级河长专题会议决定的河长制工作重点和河流管理保护专项整治工作的贯彻落实情况。

（4）人大建议、政协提案的有关河长制的贯彻落实情况。

（5）投诉、举报问题处理情况。

（6）社会和媒体反映的热点舆情处理情况。

第五条　督察组织形式

（1）督察采取定期督察与不定期督察、全面督察与专项督察、独立督察与联合督察相结合的方式进行。

（2）根据镇级第一河长、河长、副河长的安排部署，以镇河长制办公室及成员单位为主体，可独立或联合开展督察。

第六条　督察程序

（1）拟订方案。镇河长制办公室按照轻重缓急的原则对河长制工作进行梳理，对涉及全镇范围的全面督察由镇河长制办公室适时拟定督察方案，对涉及全镇范围内的专项督察由安排部署此项工作的单位负责拟定专项督察方案，明确督察方式、时间、内容、形式、标准、要求等，经联席会议通过后，报镇级第一河长、河长或副河长批准。

（2）自查自评。被督察村进行自查自评，总结情况和经验，梳理矛盾和问题，提出意见和建议，形成自查自评报告。

（3）组织督察。组织督察包括听取汇报、座谈交流、个别访谈、实地察看、评价指导等形式。

（4）形成报告。督察工作结束后，应及时形成有情况、有问题、有分析、有整改措施的督察报告。

（5）报告报备。各村开展的河长制专项督察方案以及相关督察报告报镇河长制办公室备案。

第七条 督察提醒。实行四类提醒制度，分类发出提示函、交办函、督办函、约谈函，督促责任河长有针对性地查缺补漏进行整改。

（1）提示函。针对河长制重大整治任务的进度安排，按时间节点，通过提示函提前预告提醒。

（2）交办函。针对上级部署，镇级河长会议决定的事项、镇级河长批示的事项，通过交办函进行交办。

（3）督办函。针对河长制工作进度明显滞后和存在明显问题的村，通过督办函进行督办。

（4）约谈函。针对思想上不重视、作为上不主动、效果上不明显的单位，由镇河长制办公室报请镇级河长同意后发出约谈函，约谈相关河长，指出问题，提出要求，督促整改。

第八条 督察整改。督察报告经镇级第一河长、河长或副河长审定后，在一定范围内通报。督察通报中的问题，由镇河长制办公室列出清单，限定时间、挂账整改，并适时组织回头看。

第九条 督察结果应用。督察结果直接作为各行政村绩效考核评价的重要依据。

2.3.7 举报投诉受理制度

为充分调动社会监督力量，鼓励群众参与河湖的管理，任何人对所发现的损害河湖行为、事件都有举报的权力，河（湖）长或河长办应有畅通的渠道，以确保能及时受理，因此，有必要建立相应的举报投诉受理制度。

举报投诉受理制度的主要内容包括受理范围（内容）、受理渠道、受理程序、工作要求、奖罚等。

【案例 2-13】 杭州市××区投诉举报受理制度

一、主要内容

受理河道治理方面的意见、建议，通过一定程序和方式向有关责任单位、包干河道的责任河长交办或转办，在规定的时限内反馈处理结果，并对处理情况进行评估分析。

二、受理渠道

（1）电话受理。依托现有信访受理制度，由区林水局负责辖区内河道信访举报受理和处理，受理电话为89281196；由区环保局负责工业企业违法排污行为信访举报受理和处理，受理电话为12369；由市公安局负责涉河严重违法行为信访举报受理和处理，受理电话为110。

各镇街、平台也可统一设立当地的举报受理电话，并向社会公布。

（2）网络受理。依托"杭州河道水质"网络管理平台和"杭州河道水质APP"的投诉和建议渠道，建立互联网投诉举报受理和处理机制。河长负责受理和处理，各地河长办按相关要求进行督办或抄告。

三、受理程序

对于电话受理的投诉举报件，各责任部门要根据相关信访制度，及时记录和登记投诉举报，做好调查处置工作，及时反馈相关情况。

对于网络投诉举报件，河长应经常登录信息化系统查询投诉举报情况，及时认真记录、登记，牵头协调处理或交相关部门处理，并抓好跟踪落实和情况反馈。

四、工作要求

对于电话受理的投诉举报件，实行首问责任制。对属受理范围的投诉举报，及时进行信访受理，在本部门职责范围内的，依法进行信访处理；不在本部门职责范围内的，转交相关职能部门处理或转交河长处理。对不属受理范围的投诉举报做好解释和转交工作。

河长接到投诉举报件的，应在5个工作日内反馈投诉举报处理情况，做到件件受理，事事回应。

五、有奖举报和有奖建议征集

对提供有效违法线索并经查实的、破解河道治理重点攻关难题建议被采用的，给予一定的奖励。

【案例2-14】 ××镇河长制举报投诉受理制度

为进一步提高我镇水环境治理工作效率，积极发挥上下联动作用，充分调动社会监督和群众参与力量，及时掌握我镇水域脏、乱、差现象，切实推进全镇"河长制工作实施"，特制定本制度。

（1）镇、村河长电话及监督举报电话均需在河长公示牌上公布，一旦联系河道被投诉举报必须受理，河长需要及时到现场，听取举报人和群众意见，进行实地探勘调查，并及时交办有关部门立即解决处置；不能现场立即处置的，要以督办函形式转交相关部门在规定的时间内予以查处，并抓好跟踪落实和情况反馈，确保整改到位。

（2）鼓励实名举报下列违法行为：①排污单位偷排、直排废水；②随意倾倒泥浆等建筑垃圾；③违反规定设置排污口或私设暗管排污；④河道周边禁养区内的规模化畜禽养殖场；⑤河道周边存在涉水违法（构）建筑物；⑥河岸垃圾乱堆放，未有效集中处置等。

（3）任何单位或个人通过电话举报或来人举报等方式，需同时提供被举报河道的名称、地址（或违法事实发生地）、违法行为发生时间、基本违法事实（或违规现象），必要时要配合河长及有关人员调查取证或提供相关的证据材料。

（4）对实名举报的问题，河长对投诉举报做到件件受理，事事回应。由接报地的河长牵头会同有关部门单位进行核查，把事件处理的结果及时反馈给举报人，向社会公开。

（5）各级河长办应建立健全投诉举报档案，包括记录、立案和查处情况等。工作人员必须严格执行保密制度，未经举报人同意，任何单位和个人不得将其姓名、身份、居住地及举报情况对外公布或者泄露给被举报单位和其他人员，否则按有关规定严肃查处。

（6）举报人应对举报内容的真实性负责。不得借举报之名故意捏造事实诬告、陷害他人以达到自己不可告人的目的，否则，要承担相应的法律责任。

2.4　河（湖）长职责

河长是河流保护与管理的第一责任人，县级及以上河长的主要职责是督促下一级河长和相关部门完成河流生态保护任务，协调解决河流保护与管理中的重大问题。乡镇级、村级河长的主要职责是责任水域的管理保护具体工作，开展常态巡河，发现问题及时处置或对发现的权限外问题及时上报。

2.4.1 县级河（湖）长职责

2.4.1.1 县级总河长

县级总河长是区域内河流保护与管理的第一责任人。县级总河长负责领导、组织全县河流管理保护工作，承担推行河长制的总督导、总调度职责。召集主持县河长会议，组织、协调、督察、调度推进河长制工作中的重大问题。

县级总河长具体工作内容包括但不限于：

(1) 组织河道治理清违、清障和拆迁，保证河道治理顺利进行。

(2) 建立河道管护队伍和管护制度。

(3) 协调落实河道维修养护经费。

(4) 做好河道防汛工作。

(5) 组织实施河道疏浚和环境卫生治理。

(6) 检查河道工程维护、水域岸线资源管理。

(7) 依法组织查处各类侵害河道的违法行为。

2.4.1.2 县级河长

县级河长是其责任河流的第一责任人，对责任河流的治理、管理、保护负责，履行指导、协调、督察、巡查、监督、调度等职责。负责组织责任河流实施"一河一策"方案，制订责任河流年度工作计划，协调推进河流水资源保护、水域岸线管理、水污染防治、水环境治理、水生态修复、河流及水利工程的划界确权、执法监管等重点任务。协调解决河流管理保护中出现的重大问题。负责组织对其责任河流管理范围内的非法侵占河流水域岸线、围垦河流、盗采砂石资源、破坏水利工程设施、违法取水排污、电毒炸鱼等的突出问题进行整治或开展专项整治行动。负责对跨行政区域的河流明晰管理责任，协调上下游、左右岸实行联防联控。负责指导、督察、监督下一级河长、相关责任主体和有关县级河长会议成员单位履行职责。全面掌握责任河流基本情况，负责对其责任河流开展巡查。

【案例 2-15】 浙江省绍兴市规定的县级河长职责

(1) 负责组织、领导、协调、监督责任水域的管理保护工作。

(2) 负责牵头制定责任水域"一河一策"治理方案和年度实施计划，负责督查责任水域"一河一策"治理工作的进度、质量和涉河违章、排污等整治情况；涉及市级河长管理的水域，要定期向市级河长汇报"一河一策"治理工作进展和自身履职情况。

（3）定期开展责任水域的巡查工作，牵头组织建立区域间、部门间的协调联动机制，责成主管部门处理和解决责任水域出现的问题。

（4）按照例会要求召开会议，研究制定责任水域治理措施，重点协调和督促解决责任水域治理和保护的重点难点问题。

（5）定期牵头组织对下级河长和县级河长联系部门履职情况进行督导检查，发现问题及时发出整改督办单或约谈相关负责人。

（6）每年12月底前向县级总河长述职，报告河长制落实情况。

【案例 2－16】　浙江省绍兴市规定的县级湖长职责

（1）负责组织、领导、协调、监督责任水域的管理保护工作，牵头推进责任水域各项湖长制工作。

（2）负责牵头制定责任水域"一湖一策"治理方案和年度实施计划，负责督查责任水域"一湖一策"治理工作的进度、质量和涉湖（库）违章、排污等整治情况；涉及市级湖长管理的水域，要定期向市级湖长汇报"一湖一策"治理工作进展和自身履职情况。

（3）定期开展责任水域的巡查工作，牵头组织建立区域间、部门间的协调联动机制，责成主管部门处理和解决责任水域出现的问题。

（4）按照例会要求召开会议研究制定责任水域治理措施，重点协调和督促解决责任水域治理和保护的重点难点问题。

（5）定期牵头组织对下级湖长和县级湖长联系部门履职情况进行督导检查，发现问题及时发出整改督办单或约谈相关负责人。

（6）每年12月底前向县级总湖长述职，报告湖长制落实情况。

【案例 2－17】　贵州省铜仁市思南县的县级河长职责

一、县级总河长职责

（1）贯彻落实中央及上级党委、政府关于河长制的各项方针政策；落实省级总河长、省级河长、市级总河长、市级河长安排部署的相关河长制工作；领导本区域河长制工作，承担本区域河长制工作总督导、总调度职责。

（2）召集县级总河长会议，研究决定县河长制重大决策、重要规划、重要制度，并协调解决河湖管理保护的区域性问题。

（3）对县级河长和乡镇级总河长的工作进行督导和考核。安排部署、协调督导县级河长及县级相关责任单位、河长办、乡镇级总河长、乡镇级河长的相关工作。

（4）对本辖区及相应河库的管理保护及河长制工作开展情况，每年至少向上级总河长书面报告一次。

二、县级副总河长职责

受县级总河长委托，履行县级总河长职责。

三、县级河长职责

（1）落实好上级总河长、上级河长、本级总河长安排部署的相关河长制工作。

（2）组织领导相应河库的管理保护工作，对担任河长的河库所涉及的河库管理保护规划、最严格水资源制度、河流源头和水涵养区及饮用水源地保护、水体污染综合防治、水环境综合治理、河湖生态保护与修复、水域岸线及挖砂采石管理、河库管理保护法规及制度、行政监管与执法、河库日常巡查和保洁、信息平台建设等任务落实情况进行督导和调度，研究解决具体问题。

（3）安排部署其对应的县级责任单位、下级河长的相关工作，对相应河库管理保护存在的重大问题，组织研究并提出解决办法和具体措施，制定"一河（库）一策"。

（4）每年对相应河库开展定期或不定期巡河活动，以发现问题为导向，组织专题研究并制定整治方案。

（5）全面负责河长制工作的落实推进，组织制订相应河库河长制工作计划，建立健全相应河库管理保护长效机制，推进相应河库的突出问题整治、水污染综合防治、巡查检查、水生态修复和保护管理，协调解决实际问题，定期检查督导下级河长和相关单位履行工作职责，组织开展量化考核。

（6）动员全社会积极关注和参与河库管理保护工作。

（7）对相应河库的管理保护及河长制工作开展情况，每年至少向市级河长、本级总河长书面报告一次。

2.4.2 乡镇级河（湖）长职责

乡镇级河长是区域内河流保护与管理的第一责任人，乡镇级河长负责具体实施乡镇范围内的河湖管理和保护工作，督促乡镇级河段长和村级河长履行职责。与县级河长不同，乡镇级河长更加侧重具体的事务，是巡河的主体，是河道问题发现的主渠道，既是监督员，又是宣传员、指导员。

【案例 2－18】　浙江省绍兴市规定的乡镇级河长职责

（1）负责组织、领导、协调、监督责任水域的管理保护工作。

（2）负责牵头制订并组织实施责任水域"一河一策"治理方案和年度实施计划；定期向上级河长汇报"一河一策"治理工作进展和自身履职情况，并抄送县（市、区）及市直开发区河长制工作机构。

（3）定期开展责任水域的巡查工作，协助上级河长开展工作，加强与相关责任部门联系对接，推动落实各项水域治理工作。

（4）按照例会要求召开会议，研究制定责任水域治理措施，落实各项河长制工作任务。

（5）牵头组织对下级河长履职情况进行督导检查，发现问题及时发出整改督办单。

（6）每年12月底前向乡级总河长述职，报告河长制落实情况。

【案例 2－19】　浙江省绍兴市规定的乡镇级湖长职责

（1）负责组织、领导、协调、监督责任水域的管理保护工作，牵头推进责任水域各项湖长制工作。

（2）负责牵头制订并组织实施责任水域"一湖一策"治理方案和年度实施计划；定期向上级湖长汇报"一湖一策"治理工作进展和自身履职情况，并抄送县（市、区）湖长制工作机构。

（3）定期开展责任水域的巡查工作，协助上级湖长开展工作，加强与相关责任部门联系对接，推动落实各项水域治理工作。

（4）按照例会要求召开会议，研究制定责任水域治理措施，落实各项湖长制工作任务。

（5）牵头组织对下级湖长履职情况进行督导检查，发现问题及时发出整改督办单。

（6）每年12月底前向乡级总湖长述职，报告湖长制落实情况。

【案例 2－20】　福建省三明市泰宁县的乡镇级河长职责

一、乡镇级河长职责

（1）领导辖区内全面深化河长制工作，落实上级河长的工作部署，负责乡

（镇）级河长办的组建。

（2）落实上级河长关于辖区内河流水资源保护、水域岸线管理、水污染防治、水环境治理的管理和保护工作部署。

（3）牵头推进辖区内河流突出问题整治、巡查保洁、生态修复和保护管理及水污染综合防治，协调解决重难点问题。

（4）牵头制定落实辖区内河流保护、治理方案，组织开展整治工作。

（5）协助执法部门对河道污染进行调查处理，配合执法部门打击涉水违法行为。

（6）牵头开展侵占河道、超标排污、非法采砂、破坏航道、违规畜禽、渔业养殖等突出问题的专项整治工作。

（7）负责河道的日常疏浚、清障、保洁工作，开展河道管理日常巡查。

（8）负责组织河道专管员的选聘、日常管理、考评工作。

（9）检查督导乡、村河段长，村级河道专管员履行职责，并向上级河长述职。

二、乡、村河段长职责

（1）加强河道日常巡查，及时发现河道问题，并向上级河长和河长办汇报。

（2）协助配合执法部门对河道污染进行调查处理。

（3）负责河道的日常疏浚、清障、保洁工作，及时处理河道的乱搭乱建、乱堆乱放行为。

（4）对河道内病死动物及病死动物产品要及时告知农业、卫生等部门。

（5）设置具有保洁人员名单、监督电话等内容的宣传标牌，确保河道安全设施齐全。

（6）做好河道保洁宣传工作，引导大家自觉保持河道清洁。

（7）收集管理资料，建立相应保洁台账，及时上报信息。

（8）做好突发事件处理，并及时汇报。

（9）监督检查村级河道专管员履行职责。

（10）向上级河长述职。

2.4.3 村级河（湖）长职责

村级河长是本村内河流保护与管理的第一责任人，村级河长负责具体实施村内的河湖管理和保护工作，按照上级要求，督促村级河段长履行职责，落实

监督员、保洁员，负责生活垃圾处理、河湖漂浮物清理等。开展巡河工作，处理发现的问题或上报权限外的问题。

【案例 2 - 21】　浙江省绍兴市规定的村级河长职责

（1）开展责任水域常态巡查，发现问题妥善解决，必要时及时上报。

（2）负责协助、落实乡级河长在责任水域的管理保护工作，及时向上级河长汇报工作进展情况。

（3）开展责任水域河长制宣传教育，动员村（居）民参与爱水护水活动。

（4）鼓励村（居）民制定村规民约、居民公约，对水域保护义务以及相应奖惩机制作出约定。

【案例 2 - 22】　浙江省绍兴市规定的村级湖长职责

（1）开展责任水域常态巡查，发现问题妥善解决，必要时及时上报。

（2）负责协助、落实乡级湖长在责任水域的管理保护工作，及时向上级湖长汇报工作进展情况。

（3）开展责任水域湖长制宣传教育，动员村（居）民参与爱水护水活动。

（4）鼓励村（居）民制定村规民约、居民公约，对水域保护义务以及相应奖惩机制作出约定。

【案例 2 - 23】　福建省三明市泰宁县的村级河道专管员职责

（1）认真学习、宣传河道管理法律、法规，做好河道管理工作。

（2）加强河道日常巡查，做到一日一巡，及时发现河道问题，并向流域河（段）长和上级河长办汇报。

（3）及时打捞河道水面漂浮物，清除水葫芦等破坏河道环境的水生植物。

（4）负责保护和管理辖区内沿河设置的各种河长公示牌、宣传牌等，做好护堤护岸林木的管理工作。

（5）及时制止乱倒垃圾、乱堆垃圾现象，并要求及时清理，对擅自占用现象及时逐级上报，确保辖区内河道畅通。

（6）对辖区内小水电站加强日常巡查，认真观察河道水量情况，实行一日一报工作，发现异常及时向当地政府报告，确保辖区河流上的小水电站最小生态下泄流量的有效落实。

（7）积极配合行政执法人员对违章违法行为的纠正和查处工作。

（8）完成上级河长、河长办交办的其他各项工作。

第 3 章

河（湖）长工作任务及方法

3.1 工作任务

3.1.1 工作范围

与行政上的区域管理不同，河（湖）长的管理范围是针对流域性的管理。河（湖）长的基本职责为保护与管理行政区域内的水域，但是，本行政区域内的水域必然受到本流域上游的影响，因此，河（湖）长的管理范围还应包括本流域上游的区域，监督本流域行政区域外的河湖保护和管理情况。

3.1.2 水污染防治

水污染防治任务主要是落实《水污染防治行动计划》，明确河湖水污染防治目标和任务，统筹水上、岸上污染治理，完善入河湖排污管控机制和考核体系。排查入河湖污染源，加强综合防治，严格治理工矿企业污染、城镇生活污染、畜禽养殖污染、水产养殖污染、农业面源污染、船舶港口污染，改善水环境质量。优化入河湖排污口布局，实施入河湖排污口整治。

县级以上人民政府环境保护主管部门对水污染防治实施统一监督管理。交通主管部门的海事管理机构对船舶污染水域的防治实施监督管理。县级以上人民政府水行政、国土资源、卫生、建设、农业、渔业等部门以及重要江河、湖泊的流域水资源保护机构，在各自的职责范围内，对有关水污染防治实施监督管理。

水污染是指水体因某种物质的介入，而导致其化学、物理、生物或者放射

性等方面特性的改变，从而影响水的有效利用，危害人体健康或者破坏生态环境，造成水质恶化的现象。

水污染物是指直接或者间接向水体排放的，能导致水体污染的物质。有毒污染物是指那些直接或者间接被生物摄入体内后，可能导致该生物或者其后代发病、行为反常、遗传异变、生理机能失常、机体变形或者死亡的污染物。

水污染防治是指对水体因某种物质的介入，而导致其化学、物理、生物或者放射性等方面特性的改变，从而影响水的有效利用，危害人体健康或者破坏生态环境，造成水质恶化现象的预防和治理。

水污染防治的主要措施有：

（1）减少和消除污染物排放的废水量。首先可采用改革工艺，减少甚至不排废水，或者降低有毒废水的毒性。其次重复利用废水。尽量采用重复用水及循环用水系统，使水排放减至最少或将生产废水经适当处理后循环利用。如电镀废水闭路循环，高炉煤气洗涤废水经沉淀、冷却后再用于洗涤。再次控制废水中污染物浓度，回收有用产品。尽量使流失在废水中的原料和产品与水分离，就地回收，这样既可减少生产成本，又可降低废水浓度。最后处理好城市垃圾与工业废渣，避免因降水或径流的冲刷、溶解而污染水体。

（2）全面规划，合理布局，进行区域性综合治理。第一，在制定区域规划、城市建设规划、工业区规划时都要考虑水体污染问题，对可能出现的水体污染应有预防措施；第二，对水体污染源进行全面规划和综合治理；第三，杜绝工业废水和城市污水任意排放，制定标准；第四，同行业废水应集中处理，以减少污染源的数目，便于管理；第五，有计划治理已被污染的水体。

（3）加强监测管理，制定法律和排放标准。首先设立国家级、地方级的环境保护管理机构，执行有关环保法律和排放标准，协调和监督各部门和工厂保护环境、保护水源。然后颁布有关法规，制定保护水体、控制和管理水体污染的排放标准。

水污染防治方面的主要涉及的法律法规及技术标准有：《中华人民共和国环境保护法》《中华人民共和国水法》《中华人民共和国水污染防治法》以及《地表水环境质量标准》（GB 3838—2002）、《农田灌溉水质标准》（GB 5084—

2005)、《污水综合排放标准》（GB 8978—1996）、《城镇污水处理厂污染物排放标准》（GB 18918—2002）、《污水排入城镇下水道水质标准》（GB/T 31962—2015）。

【案例 3-1】 余杭区入河排污（水）口标识专项行动方案

为进一步加强入河排污（水）口监管，夯实河长制工作基础，促进我区水环境质量持续改善，结合本地实际，特制定本方案。

一、总体目标

到 2016 年年底，全区所有入河排污（水）口完成标识牌更换，非法排污口基本清理，全区河长制基础工作显著提升，治水长效机制进一步完善。

二、主要任务

（一）全面排查

按照属地负责的原则，组织开展全面排查工作。

（1）各镇街、平台全面查清每条河道入河排污（水）口的数量、位置、排放方式、入河方式等。需标识的入河排污（水）口按性质分为工业企业废水排放口、污水排放口、雨水口等。入河方式是指通过明渠、管道等设施向河道排放。排放方式是指连续或间歇排放。

（2）全面查清每个排污（水）口汇入的主要污染源，包括工业企业、三产服务业（如洗车、美容美发、餐饮等）、畜禽养殖场、生活社区、矿山等，编制每个排污（水）口污染源清单。

（3）建立入河排污（水）口档案。逐个排污（水）口填写排查登记表（见附件1），并以河道为单元对入河排污（水）口、每个排污（水）口的污染源清单进行汇总（见附件2、附件3），建立入河排污（水）口档案并予以公示。

（4）各镇街、平台编制辖区内主要污染源清单，有条件的镇街、平台要在地图上标注污染源，实现挂图作战。

（二）清理整治

坚持分类处置原则，按照"一口一策"要求，对排查出的入河排污（水）口，分别采取保留、立即封堵或限期封堵、综合治理等措施，依法依规进行清理、整治、规范。

（1）偷设、私设的偷排口、暗管、生产废水未经处理直排等，一经发现立即封堵，并依法由相关部门立案查处。工业企业生产处理尾水未达标排放的，由相关部门依法查处。

（2）未经属地镇街、平台同意的，企事业单位确需暂时保留的其他入河排污（水）口，责令限期补办许可手续，逾期未办理的实行封堵。

（3）对各类污水直排口，要求立即查找污染源，做好雨污分流，污水具备纳管条件的，纳入市政管网；大市政不配套的，可就地处理，使其达标排放；能够封堵的立即封堵。

（4）对有污水混入的雨水口，要彻查污染源头，制定整改方案，排出时限，落实责任，实施封堵或分流，从源头截断污染源。

（三）统一标识

排查出的各类入河排污（水）口，除立即封堵的以外，对长期保留或暂时保留的要实行统一标识。

（1）标识牌内容。标识牌内容主要包括入河排污（水）口名称、主要污染源、工作目标、河长信息、镇街级统一的监督举报电话和区级统一的监督举报电话（区级统一的监督举报电话86269003）等。监督举报电话，必须确保24h畅通，投诉举报应及时登记、交办、跟踪、反馈。正在整治中的入河排污（水）口标识牌应标注整治内容及整治时限要求。

（2）标识牌设立。标识牌统一编号，方便查询、定位。入河排污（水）口标识牌可采用平面固定式或立式固定式。平面固定式标识牌大小统一为 420mm（长）×300mm（高）；立式固定式标识牌大小统一为 420mm（长）×300mm（高），立柱尽可能贴近地面，距地面一般不超过 0.9m。采用分色标识，工业企业废水排放口（主要指工业企业生产废水或处理尾水排放口）标识牌为绿底白字，污水排放口（除工业企业生产废水或处理尾水以外的污水排放口，包括生活污水排放口、污水应急溢流合法排放口、污水处理厂处理设施尾水合法排放口、农村生活污水处理设施尾水合法排放口等）标识牌为黄底黑字，雨水口（主要指纯雨水口、雨污混流的雨水口、已终端截流处理的雨水口）标识牌为蓝底白字。采用不锈钢材料制作，尽可能与周边环境协调，避免造成视觉污染，应字迹清晰、颜色醒目。立式标识牌应双面同时标注公开内容。按照统一规格、样式（详见附件4），由各镇街、平台自行制作、安装。标识牌应设置在离入河排污（水）口较近的醒目位置，便于公众监督。标识牌信息发生变动的，要在七个工作日内更新；有倾斜、破损、变形、变色、老化等影响使用问题时应第一时间修整或更换。

（3）其他事项。各镇街、平台现有的标识牌，应按照本方案规定格式、样式、内容要求进行更换。

标识牌具体格式见附件4。

三、步骤安排

本次专项行动总体分全面排查、统一标识、清理整治和检查验收四个阶段，具体时间安排如下：

（1）全面排查阶段。2016年8月20日前，全面查清入河排污（水）口和汇入每个排污（水）口的主要污染源及辖区内污染源清单。完成附表1、附表2、附表3填写，装订成册作为档案资料，于8月22日17：00前向区治水办报备一份（含电子稿）。

（2）统一标识阶段。2016年9月20日前，每条河道需要标识的每个入河排污（水）口完成标识设置，原有的牌子完成整改。

（3）清理整顿阶段。2016年10月20日前，排查出来的大部分问题基本整治到位。部分暂时无法整改到位的问题可适当推迟，但是要确定时限，挂牌整改。

（4）检查验收阶段。2016年11月25日前，各镇街、平台对辖区入河排污（水）口标识工作进行自查；省、市治水办对我区的入河排污（水）口标识工作完成情况进行检查验收，对存在的问题责令整改。

四、工作要求

（1）周密部署。各镇街、平台要制订工作方案，细化要求，明确分工，充实力量，抓好组织协调，各负其责，协同配合，确保取得预期成效。

（2）严密实施。排查工作要全方位、无遗漏，做到绝不放过一个隐患点、一个排污（水）口。对需要整改的排污（水）口，实行挂号整改，销号管理，整改一个销号一个。排查中发现有超标排放的，要依法依规进行查处，责令整改。

（3）严格督考。区治水办会同区住建局、区林水局、区环保局、区农业局等相关部门对镇街、平台工作开展督促、检查和指导。区治水办将入河排污（水）口标识工作纳入今年"五水共治"的重点考核内容。

（4）广泛发动。各镇街、平台要充分发挥河长的作用，更好更快地推进行动进程；要广泛宣传动员，吸引广大公众积极参与；要及时总结推广好经验、好典型、好做法，营造良好的工作氛围。

附件 1　　　　　　　　　　入河排污（水）口登记表

河道（分段）名称			标识编号	
入河排污（水）口名称		（详见附件 5 填写说明）		
排污（水）口位置		（详见附件 5 填写说明）		
主要污染源		1.　　2.　　3.　　4.　…… （详见附件 5 填写说明）		
镇街级河长		姓名，职务，手机号码（属村级河道的更换为村级河长）		
排放方式	连续	入河方式	明渠（　）　管道（　） 泵站（　）　涵闸（　） 潜设（　）　其他（　）	
	间歇			

排入河道（水域）、排污（水）口照片：

附件 2　　　　余杭区××街道（平台）××河排污（水）口汇总表

序号	标识编号	排污（水）口名称	处置方式	治理完成时间	责任单位/个	联系电话	整治完成情况

注：处置方式分为保留、立即封堵、限期封堵、截污纳管、雨污分流等。

附件 3　　　　余杭区××街道（平台）排污（水）口汇总表

序号	河道名称	工业企业废水排放口/个	污水排放口/个	雨水口/个	排污（水）口/个	需整治数	整治完成数

附件 4　入河排污（水）口标识牌参考格式

1. 工业企业废水入河排污口标识牌样式（绿底白字）

以××河×××化工厂入河排污口标识牌为例，如图 3－1 所示。

××河×××化工厂入河排污口

主要污染源	×××化工厂污水处理设施排放尾水
工 作 目 标	达标排放，暂时保留。
镇街级河长	姓名：×××　职务：××××× 手机：13712345678
监 督 电 话	×××××××××（镇街） 86269003（区级）

标识牌编号：K×××××××××

画面要求：

(1) 尺寸：420mm×300mm，底色参数：c100 m10 y100 k0，材质：不锈钢。

(2) 文字“××河×××化工厂入河排污口”，字体：文鼎CS大黑，字号：68pt。

(3) 表格内文字字体：方正宋黑简体，字号：40pt；线框340mm×170mm，线条粗1.5mm。

(4) 文字“标识牌编号：K×××××××××”，字体：方正宋黑简体，字号：30pt。

图 3－1　××河×××化工厂入河排污口标识牌

2. 污水排放口标识牌样式（黄底黑字）

（1）企事业、居民小区生活污水排口、服务业、畜禽养殖等一般污水排放口标识牌样式。

以××河××小区入河排污口标识牌为例，如图 3－2 所示。

（2）污水处理厂入河合法排污口、农村生活污水处理设施入河合法排污口标识牌样式。

以××河×××污水处理厂入河合法排污口标识牌为例，如图 3－3 所示。

（3）污水应急溢流合法排放口标识牌样式。

以××河×××污水泵站入河合法排污口标识牌为例，如图 3－4 所示。

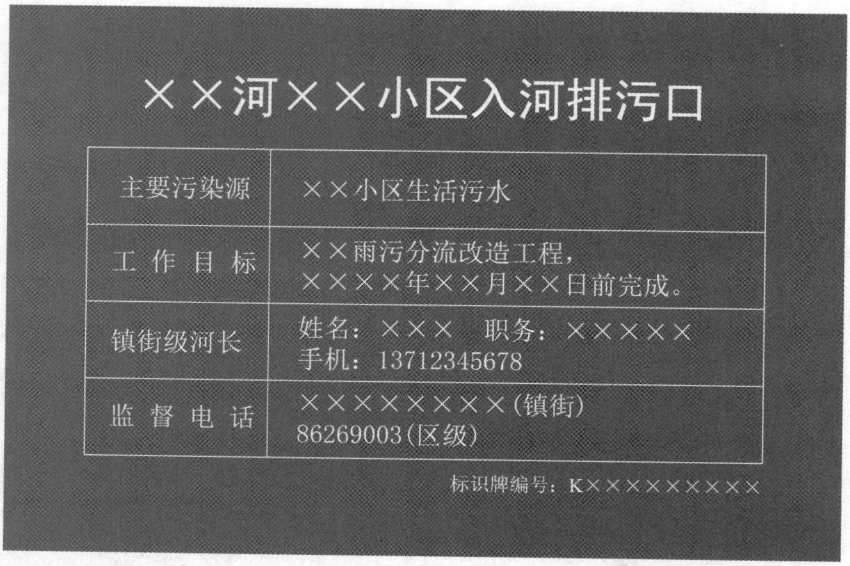

画面要求：

(1)尺寸：420mm×300mm，底色参数：c100 m0 y100 k0，材质：不锈钢。

(2)文字"××河××小区入河排污口"，字体：文鼎CS大黑，字号：68pt。

(3)表格内文字字体：方正宋黑简体，字号：40pt；线框340mm×170mm，线条粗1.5mm。

(4)文字"标识牌编号：K×××××××××"，字体：方正宋黑简体，字号：30pt。

图 3-2　××河××小区入河排污口标识牌

3.雨水排放口标识牌样式（蓝底白字）

（1）纯雨水口标识牌样式。

以××河××小区入河雨水口标识牌为例，如图 3-5 所示。

（2）雨污混流的雨水口标识牌样式。

以××河××小区入河雨水口标识牌为例，如图 3-6 所示。

（3）已终端截流处理的雨水口标识牌样式。

以××河××小区入河雨水口标识牌为例，如图 3-7 所示。

4.入河排污（水）口标识牌施工图

入河排污（水）口标识牌施工图如图 3-8 所示。

附件5　填写说明

（1）入河排污（水）口名称的确定方法有两种：

1）排放单位单一的，按排放单位命名，如××河×××化工厂入河排污

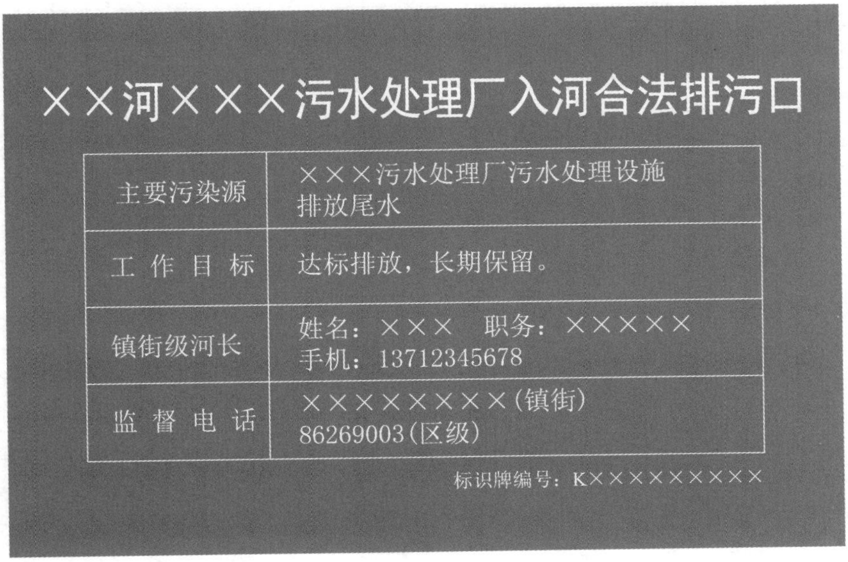

图 3-3 ××河×××污水处理厂入河合法排污口标识牌

口、××河×××污水处理厂入河排污口、××河×××畜禽养殖场入河排污口、××河××小区入河雨水口；同一排污单位出现多个同类入河排污（水）口的，在名称前加序号以区分，如××河×××酒厂 1 号入河排污口、××河×××酒厂 2 号入河排污口。

2）一个排污（水）口有多个排放单位的或多种污水混合排放的，按入河排污（水）口所在地地名、具有显著特征的建筑物命名或管道所在市政道路命名，如××河×××1 号码头综合入河排水口、××河××路综合入河排污口、××河××路 1 号综合入河雨水口、××河××路 2 号综合入河雨水口。

（2）主要污染源包括工业污染源，如××企业污水（生产废水）、××企业清下水；生活污染源，如××企业生活污水、××小区生活污水、××小区雨污混排水；服务业污染源，如××餐饮店餐饮废水、××洗车店洗车废水、理

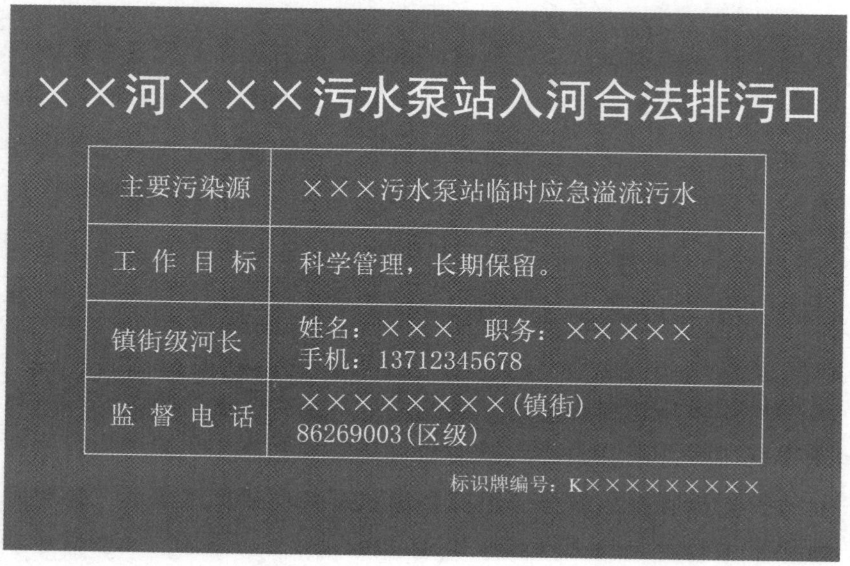

图 3-4　××河×××污水泵站入河合法排污口标识牌

发店废水等；畜禽养殖场，如××养殖场养殖废水等。纯雨水排放口不用标注主要污染源。

（3）工作目标：列入整治的入河排污口应标注"一口一策"整治内容及完成时限。需整治的排污（水）口，应标注工作内容和完成时限，按实际情况填写。纯雨水排放口，不用标注工作目标。

（4）河长信息：河道镇街级及以上河道统一填写镇街级河长，如河道为村（社）级河道，改为"村（社）级河长"，填写村（社）级河长有关信息。

（5）标识牌编号统一设置为 10 位，其中第一位为余杭区代码；第二、三位为镇街代码，第四、五、六位为河道代码（含区级及以上河道，由属地落实，自行排序），其余 4 位为顺序号。具体安排如下：余杭区 K；运河街道 01，乔司街道 02，崇贤街道 03，临平街道 04，南苑街道 05，星桥街道 06，余杭街道 07，

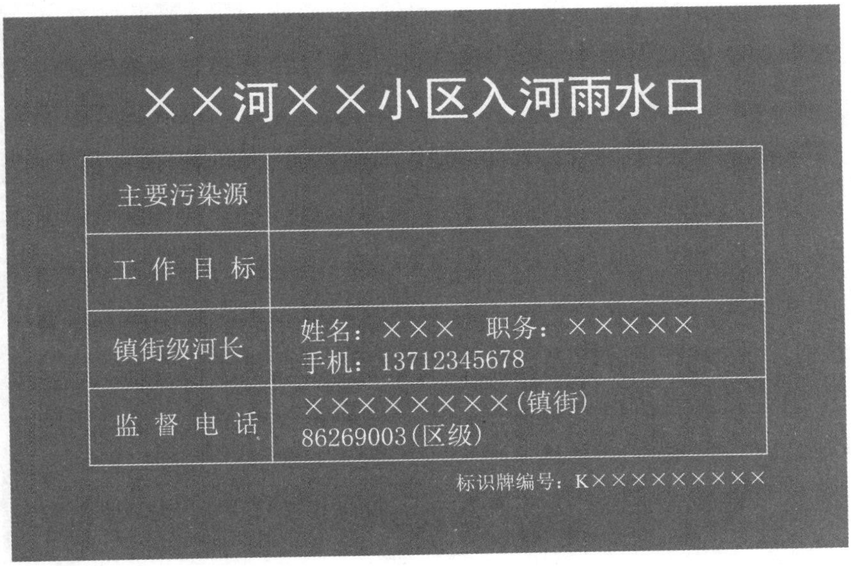

画面要求：

(1) 尺寸：420mm×300mm，底色参数：c100 m30 y100 k0，材质：不锈钢。

(2) 文字"××河××小区入河雨水口"，字体：文鼎CS大黑，字号：68pt。

(3) 表格内文字字体：方正宋黑简体，字号：40pt；线框340mm×170mm，线条粗1.5mm。

(4) 文字"标识牌编号：K×××××××××"，字体：方正宋黑简体，字号：30pt。

图 3-5　××河××小区入河雨水口标识牌

闲林街道08，仓前街道09，中泰街道10，五常街道11，仁和街道12，塘栖镇13，瓶窑镇14，径山镇15，黄湖镇16，鸬鸟镇17，百丈镇18，良渚新城19，未来科技城20，余杭经济技术开发区（东湖街道）21。

（6）排污（水）口位置标注，要能准确定位，一般应细化到乡镇（街道）、村（社区）、道路名、具有显著特征的建筑物等及经纬度。

（7）"排入水域名称"填直接排入的河道（××镇街段）名称。

（8）"排放方式""入河方式"等栏目在后面提示栏中划"√"。

（9）工业企业废水排放口标识牌，原则按工业企业标准化排污口标志牌设置。

3.1.3　水环境治理

强化水环境质量目标管理，按照水功能区确定各类水体的水质保护目标。

画面要求：

(1) 尺寸：420mm×300mm，底色参数：c100 m30 y0 k0，材质：不锈钢。

(2) 文字"××河××小区入河雨水口"，字体：文鼎CS大黑，字号：68pt。

(3) 表格内文字字体：方正宋黑简体，字号：40pt；线框340mm×170mm，线条粗1.5mm。

(4) 文字"标识牌编号：K××××××××"，字体：方正宋黑简体，字号：30pt。

图 3-6 ××河××小区入河雨水口标识牌

切实保障饮用水水源安全，开展饮用水水源规范化建设，依法清理饮用水水源保护区内违法建筑和排污口。加强河湖水环境综合整治，推进水环境治理网格化和信息化建设，建立健全水环境风险评估排查、预警预报与响应机制。结合城市总体规划，因地制宜建设亲水生态岸线，加大黑臭水体治理力度，实现河湖环境整洁优美、水清岸绿。以生活污水处理、生活垃圾处理为重点，综合整治农村水环境，推进美丽乡村建设。

水环境是指自然界中水的形成、分布和转化所处空间的环境；是指围绕人群空间及可直接或间接影响人类生活和发展的水体，其正常功能的各种自然因素和有关社会因素的总体。

水环境治理主要措施如下：

（1）加强水质监测。监测项目主要选择对水质有影响的项目，可以选择反映水感官性状的指标，如浊度、色度、臭味、肉眼可见物等；反映有机物污染、

××河××小区入河雨水口

主要污染源	××小区雨污混排水
工 作 目 标	已终端截流处理，暂时保留。
镇街级河长	姓名：×××　职务：××××× 手机：13712345678
监 督 电 话	×××××××(镇街) 86269003(区级)

标识牌编号：K×××××××××

画面要求：

(1) 尺寸：420mm×300mm，底色参数：c100 m30 y0 k0，材质：不锈钢。

(2) 文字"××河××小区入河雨水口"，字体：文鼎CS大黑，字号：68pt。

(3) 表格内文字字体：方正宋黑简体，字号：40pt；线框340mm×170mm，线条粗1.5mm。

(4) 文字"标识牌编号：K×××××××××"，字体：方正宋黑简体，字号：30pt。

图 3-7　××河××小区入河雨水口标识牌

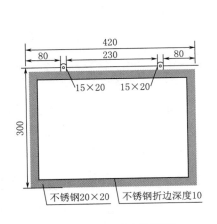

(a) 平面固定式(画面单面)

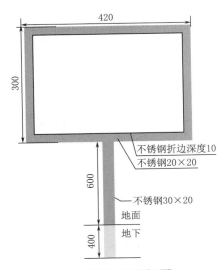

(b) 立式固定式(画面双面)

图 3-8　入河排污（水）口标识牌施工图（单位：mm）

细菌污染的微生物指标等；反映富营养化的指标加上藻类与浮游生物的监测指标。

（2）减少和消除污染物排放。首先，可采用改革工艺减少甚至不排废水，或者降低有毒废水的毒性；其次，重复利用废水，尽量采用重复用水及循环用水系统，使废水排放减至最少或将生产废水经适当处理后循环利用。

（3）适度开展水质提升。采用物理、生物等措施提升水域水质。物理措施主要是指疏挖底泥、机械除藻、引水冲淤和调水等。疏挖底泥意味着将污染物从（河道）系统中清除出去，可以较大程度地削减底泥对上覆水体的污染贡献率，从而改善水质。调水的目的是通过水利设施（如闸门、泵站）的调控引入污染河道上游或附近的清洁水源以改善下游污染河道水质，此类方法往往治标不治本。生物措施主要包括河道曝气复氧的生物膜法、生物修复法、土地处理法、水生植物净化法等。水生植物净化法是充分利用水生植物的自然净化机能的污水净化方法。例如采用浮萍、湿地中的芦苇等在一定的水域范围进行净化处理。

（4）依法治理污染源。水源污染防治是一项关系人民身体健康的民生工程，对已影响水源水质的污染源一定要依法治理，要依据国家颁布的法律法规，紧密依靠当地政府、环保、卫生等部门有效地对污染源进行处理。

水环境治理方面主要涉及的法律法规及技术标准有：《中华人民共和国环境保护法》《中华人民共和国环境影响评价法》《中华人民共和国水污染防治法》《中华人民共和国固体废物污染环境防治法》《中华人民共和国水法》《建设项目环境保护管理条例》《建设项目环境影响评价分类管理名录》《地表水环境质量标准》《地下水质量标准》《饮用水水源保护区划分技术规范》。

【案例 3 - 2】　关于进一步明确余杭区"清三河"问题责任追究制度（试行）的通知

各镇人民政府、街道办事处，区直各单位：

为进一步提升全区水环境质量，巩固"清三河"工作成果，加大"五水共治"工作效能问责力度，根据《关于印发余杭区"五水共治"工作效能问责暂行办法的通知》（区委办〔2014〕88 号）等文件精神，结合辖区内河道水系实际，经区政府同意，决定对全区河道垃圾、黑臭"反弹"问题实施责任追究。现将有关事项通知如下：

一、适用范围

全区所有河道（包括沟渠、浜斗、池塘等"小微水体"）。

二、问题河道的认定标准

（1）被杭州市级以上（含）督查发现或主要媒体曝光：新发现垃圾河、黑臭河（含"小微水体"垃圾黑臭现象严重）或已整治垃圾河、黑臭河"反弹"问题的。

（2）被杭州市治水办通报为红色预警的。

（3）同一河道被杭州市治水办通报为黄色预警一年内累计达到两次的。

（4）被余杭电视台《共同关注》栏目或余杭晨报曝光垃圾河、黑臭河"反弹"问题（含"小微水体"垃圾黑臭现象严重）整改不及时、措施不到位的。

（5）被区大督查考评办、区治水办、区两美办等督查发现超过黑臭河验收标准的河道（含"小微水体"垃圾黑臭现象严重）。[河道认定标准暂以《浙江省垃圾河、黑臭河清理验收标准》（浙治水办发〔2014〕5号）为准，如新出台认定标准以新标准为准。]

（6）被群众信访反映或投诉举报后查实的。

三、职责分工

按照"源头治水、联动治水、科学治水"和"河长制"工作原则，实行属地管理，部门联动，理清职责，各司其职，各负其责。

（1）河长：河道污染治理的第一责任人，负责指导、协调、监督属地开展综合治理和长效管理工作。

（2）河长单位：负责协助河长开展河道巡查、协调、监督工作。

（3）属地镇街（平台）：负责河道水环境综合治理和长效管理的具体组织实施工作。

（4）主管部门：区住建局负责建筑工地、城镇、城郊村（社区）生活污水污染源的排查、监管、处置工作，牵头全区农村生活污水治理的长效运维工作。

区环保局负责工业污染源的排查、监管、处置工作。

区农业局（区农办）负责农业面源污染源、美丽乡村范围内农村生活污水污染源的排查、监管、处置工作。

区林水局负责河道的整治、保洁考核、疏浚、引配水、水利工程管理等工作。

区城管局负责建筑垃圾、泥浆水偷倒行为的排查、监管、处置等工作。

政府投资在建的项目由主管单位负责管理，其他相关部门按照"河长制"工作职责要求中的职责分工履行部门职能（区委办〔2015〕54 号）。

四、问题河道的责任认定

对出现垃圾河、黑臭河或已整治河道"反弹"的情况，由区治水办会同有关部门开展调查，按照"尽责、免责"原则，查明原因，认定责任。

（1）造成河道垃圾、黑臭现象的污染源属于河长、河长单位和属地镇街（平台）排（巡）查不到位或未交办、上报、处置的，河长、河长单位和属地镇街（平台）承担主要责任，主管部门承担次要责任。

（2）造成河道垃圾、黑臭现象的污染源已经河长、河长单位和属地镇街（平台）排（巡）查到位，并交办到属地镇街（平台）和主管部门的，则河长与河长单位不承担责任，责任认定如下：

1）对新发现或引起反弹的问题，属地镇街（平台）有职权处理而未处理的由属地镇街（平台）承担全责。

2）对新发现或引起反弹的问题，属地镇街（平台）无职权处理，且未向主管部门反映、报告的，由属地镇街（平台）承担主要责任，有关主管部门承担次要责任。

3）对新发现或引起反弹的问题，属地镇街（平台）无职权处理，且向主管部门上报，并积极配合调查处理的，主管部门处置不力的，则由主管部门承担主要责任。

五、问题河道分级处理意见

出现河道垃圾、黑臭等"反弹"问题，区治水办联合有关部门查明原因、认定责任后，视问题的严重程度、整改情况分级对河长单位、相关单位及河长、相关单位负责人落实问责措施。

（1）以下情况由区治水办联合相关部门出具调查结果和责任认定后，移送区大督查考评办对责任单位（及负责人）予以通报批评或预警约谈：

被杭州市级（含）以上督查发现问题河道整改不及时的（含"小微水体"）；被杭州市治水办通报为红色预警一个月之内未整改到位的；同一河道被杭州市治水办红、黄色预警累计达两次的；被杭州市主要媒体曝光一次的（含"小微水体"）；被区级主要媒体曝光后整改不及时的；同一条河道相关问题被区治水办跟踪督办下发两次督查抄告单仍未整改到位的，或是被区治水办挂牌督办下发一次督查抄告单未及时整改到位的（含"小微水体"）。

（2）以下情况由区治水办联合相关部门出具调查结果和责任认定后，移送区纪委（区监察局）予以效能问责：

1）河道垃圾黑臭"反弹"问题：①同一条河道被杭州市级（含）以上督查出现2次（含）"反弹"的；②同一条河道一年内被杭州市治水办红、黄色预警累计达3次（含）以上的；③同一条河道被杭州市主要媒体曝光2次（含）以上的；④同一条河道被省级以上主要媒体曝光一次（含）以上的；⑤同一条河道被区治水办挂牌督办两次（含）以上督查抄告仍未整改到位的。

2）小微水位水体垃圾黑臭问题：①同一区域小微水体被市级（含）以上督查两次出现问题的；②同一问题被杭州市主要媒体曝光二次（含）以上的；③同一问题被浙江省主要媒体曝光一次（含）以上的，④被区大督查考评办通报批评后仍整改不到位的；⑤同一问题被区治水办挂牌督办两次督查抄告仍未整改到位的。

（3）对性质恶劣、影响极大，且相关人员存在"三不"（不担当、不作为、不落实）问题的，区纪委（区监察局）给予相关责任人党纪政纪处分。

本制度由区治水办、区大督查考评办、区纪委（区监察局）负责解释。

3.1.4 水资源保护

水资源管理是水行政主管部门运用行政、法律、经济、技术和教育等手段，组织各种社会力量开发水利和防治水害，协调社会经济发展与水资源开发利用之间的关系，处理各地区、各部门之间的用水矛盾，监督、限制不合理的开发和危害水源的行为，制定供水系统和水库工程的优化调度方案。

落实最严格水资源管理制度，严守水资源开发利用控制、用水效率控制、水功能区限制纳污三条红线，强化地方各级政府责任，严格考核评估和监督。实行水资源消耗总量和强度双控行动，防止不合理新增取水，切实做到以水定需、量水而行、因水制宜。坚持节水优先，全面提高用水效率，水资源短缺地区、生态脆弱地区要严格限制发展高耗水项目，加快实施农业、工业和城乡节水技术改造，坚决遏制用水浪费。严格水功能区管理监督，根据水功能区划确定河流水域纳污容量和限制排污总量，落实污染物达标排放要求，切实监管入河湖排污口，严格控制入河湖排污总量。

　　水资源管理"五个坚持"的基本原则：一是坚持以人为本，着力解决人民群众最关心、最直接、最现实的水资源问题，保障饮水安全、供水安全和生态安全；二是坚持人水和谐，尊重自然规律和经济社会发展规律，处理好水资源开发与保护关系，以水定需、量水而行、因水制宜；三是坚持统筹兼顾，协调好生活、生产和生态用水，协调好上下游、左右岸、干支流、地表水和地下水的关系；四是坚持改革创新，完善水资源管理体制和机制，改进管理方式和方法；五是坚持因地制宜，实行分类指导，注重制度实施的可行性和有效性。

　　水资源管理的"三条红线"：一是确立水资源开发利用控制红线，到 2030 年全国用水总量控制在 7000 亿 m^3 以内；二是确立用水效率控制红线，到 2030 年用水效率达到或接近世界先进水平，万元工业增加值用水量降低到 $40m^3$ 以下，农田灌溉水有效利用系数提高到 0.6 以上；三是确立水功能区限制纳污红线，到 2030 年主要污染物入河湖总量控制在水功能区纳污能力范围之内，水功能区水质达标率提高到 95％以上。

　　水是地球生物赖以存在的物质基础，水资源是维系地球生态环境可持续发展的首要条件，因此，保护水资源是人类最伟大、最神圣的天职。

　　保护水资源，包括以下内容：

　　（1）要全社会动员起来，改变传统的用水观念。要使大家认识到水是宝贵的，每冲一次马桶所用的水，相当于有的发展中国家人均日用水量；夏天冲个凉水澡，使用的水相当于缺水国家几十个人的日用水量；这绝不是耸人听闻，而是联合国有关机构多年调查得出的结果。因此，要在全社会呼吁节约用水，一水多用，充分循环利用水。要树立惜水意识，开展水资源警示教育。国家启动"引黄工程""南水北调"等水资源利用课题，目的是解决部分地区水资源短缺问题，但更应引起我们深思：黄河水枯竭时到哪里"引黄"？南方水污染了如何"北调"？因此，人们一定要建立起水资源危机意识，把节约水资源作为自觉的行为准则，采取多种形式进行水资源警示教育。

　　（2）必须合理开发水资源，避免水资源破坏。水资源的开发包括地表水资源开发和地下水资源开发。在开采地下水的时候，由于各含水层的水质差异较大，应当分层开采；对已受污染的潜水和承压水不得混合开采；对揭露和穿透水层的勘探工程，必须按照有关规定严格做好分层止水和封孔工作，有效防止水资源污染，保证水体自身持续发展。现代水利工程，如防洪、发电、航运、灌溉、养殖供水等在发挥一种或多种经济效益的同时，对工程所在地、上下游、河口乃至整个流域的自然环境和社会环境都会产生一定的负面影响，也可能造成一定范围内水资源破坏。另外，一些采矿行业对水资源的破坏不容忽视，如煤炭开采中每采 1t 煤要排漏 $0.88m^3$ 水，按某省年采煤 3 亿 t 计算，每年仅因采煤损失地下水资源高达 2.64 亿 m^3，并对地下水体地质构造造成极大的破坏。又如无限度地乱砍滥伐，造成植被严重破坏，对水土保湿及水资源的地表埋藏也会造成一定的影响。

（3）提高水资源利用率，减少水资源浪费。有效节水的关键在于利用"中水"，实现水资源重复利用。另外，利用经济杠杆调节水资源的有效利用。由于水管理不到位，很多地方有长流水现象发生，而有些地方会"捧碗祈天"。因此，必须安装有效的水计量装置，执行多用水、多计费的原则，达到节约用水的目的。城市用水定额管理是国际上通行的办法，它是在科学核定用水量的前提下，坚持分类对待的原则，市民生活用水、工商企业用水、机关事业团体用水实行不同的水价，定额内平价，超额部分适当加价，以培养公民节约用水的习惯。在节约用水的同时应避免无效浪费。北方的冬季，水管很容易冻裂，造成严重的漏水，应特别注意预防和检查；随着社会经济的发展和城市化进程的加快，为了缓解水资源紧张的情况，除了大力抓好节约和保护水资源工作外，跨流域调水已经成为我国北方城市的必然选择，跨流域调水必然带来水资源供需关系的变化，因此水权交易势在必行；由于我国一直实行"福利水"制度，水没有被当作一种经济商品对待，因此在水资源的配制上，市场机制通常被管制方法所替代，当前应当转变观念，认识到水资源的自然属性和商品属性，遵循自然规律和价值规律，确实把水作为一种商品，合理应用市场机制配置水资源，减少资源浪费。

（4）进行水资源污染防治，实现水资源综合利用。水体污染包括地表水污染和地下水污染两部分，生产过程中产生的工业废水、工业垃圾、工业废气、生活污水和生活垃圾都能通过不同渗透方式造成水资源的污染，长期以来，由于工业生产污水直接外排而引起的环境事件屡见不鲜，它给人类生产、生活带来极坏影响，因此，应当对生产、生活污水进行有效防治。在城市可采取集中污水处理的途径；工业企业必须执行环保"三同时"制度；生产污水据其性质不同采用相应的污水处理措施。总之，我们必须坚决执行水污染防治的监督管理制度，必须坚持"谁污染谁治理"的原则，严格执行环保一票否决制度，促进企业污水治理工作开展，最终实现水资源综合利用。

（5）改革用水制度，加强政府宏观调控，加大治理污染和环境保护力度。应当加大改革力度，打破行业垄断，健全组织机构，统一管理，在全国建立起一个自下而上的水督察体系。进一步改革水价，实行季节性水价，在水资源短缺地区征收比较高的消费税以限制用水等。只有这样，才能对环境保护和降低成本有益，才能走可持续发展的道路。

（6）充分利用市场机制，发展有中国特色的水务市场，从而优化配置水资源。21 世纪被称为水的世纪。我国水务行业迎来了前所未有的发展机遇。据预测，我国水务行业应该有万亿元以上的空间，到 2005 年仅污水处理一项就有 4000 亿元的市场份额。多年来由于"水"带有浓重的社会福利色彩，并不是真正意义上的商品，水的价值和价格的背离，严重制约了水行业的发展，水资源因此得不到有效的保护。这种情况在新的历史形势下，已得到转变。

水资源保护方面的主要涉及的法律法规及技术标准有《中华人民共和国水法》《中华人民共和国水土保持法》《中华人民共和国河道管理条例》《农田水利条例》《取水许可和水资源费征收管理条例》《水权交易管理暂行办法》《水功能区划分标准》《用水定额编制技术导则》《浙江省水功能区、水环境功能区划分方案》《浙江省（取）用水定额》等。

水的所有权问题，是《中华人民共和国水法》（简称《水法》）的核心问题。它是制定有关水事法律规范的立足点和出发点。《中华人民共和国民法通则》（简称《民法通则》）规定，所有权包括占有、使用、收益和处分的权利。因此，法律对于所有权的规定，制约着其他各种权利义务关系。也就是说，所有权不能仅仅理解为所有人对其所有物的支配权，它是一种法律上的权利义务关系。所有权不仅确定了所有人应有的权利，也确定了除所有人以外的其他一切公民、法人有不作为的义务，即不得侵犯所有人权利的义务。

我国《中华人民共和国宪法》（简称《宪法》）第九条已明确规定水流属于国家所有，即全民所有。《水法》依据《宪法》的这一规定，在第三条第一款中也明确了水资源属于国家所有，即全民所有。宪法中的"水流"与《水法》中的"水资源"是同义词。所谓同义，并不是说两者的内涵相同。从字义的内涵讲，"水流"是一个地学名词，而"水资源"则包含一定的经济含意，两者是有区别的。地球形成以后就有水流，但水资源只有当人类社会发展到一定阶段才有。因此，这里所说的同义，是指两者的外延相同，也就是所指的客体相同，都是指江河、湖泊、冰山、积雪等地表水和地下水。

水资源属于国家所有的规定，确定了国家对水资源的管理不仅具有一般的行政职能，而且具有所有权主体的地位。它是国家对水资源统一配置，实施取水许可制度，征收水资源费等水管理制度的基础。其实际意义体现为国家对水资源有支配权和管理权，在处理水事关系时，应当把国家利益、公众利益、全局利益放在首位。我国是社会主义国家，人民的利益高于一切。国家享有所有权并非垄断水资源的使用和收益之权，而是为了更合理地开发利用和保护水资源，最大限度地满足全社会对水的需求，取得防治水害和发展水利的最大综合效益。

水资源的所有权主要有如下特征：

（1）水资源所有权的相对性。因为水是流动的，处于不间断的循环之中，所以人类对水资源的占有也是相对的，其使用、收益、处分均具有不完整性、不稳定性。水的循环性和不确定性，决定了水资源所有权的相对性。

（2）水资源使用权的共享性。法律上的物权一般具有排他性，即一旦把某物确定给某人使用时，其他人就不能再使用了。然而，水则不同，上游用过的水下游还可以利用，左右岸可以同时使用，发电过后灌溉依然能用等。水资源的流动性和多功能性，决定了水资源使用权的共享性。

（3）水资源所有权的永续性。水资源与其他一些资源不同，如矿藏开采到一定程度就要报废，附着于矿藏的所有权自然消失。土地资源尽管不会消失，但不能再生。而水资源属循环再生资源，不会因为开发利用而枯竭（前提是合理开发），可以永续利用，因而水资源的所有权是永固的。水资源的再生性，决定了水资源所有权的永续性。

在确立水资源属国家所有的同时，《水法》又在第三条第二款规定："农业集体经济组织所有的水塘、水库中的水属于集体所有。"这条规定体现了水资源的使用和收益与所有权可以分离的原则。也就是说，单位和个人尽管在法律上不能成为水资源所有权的主体，但可以取得水的使用权与收益权。因为这一部分水已经为水塘、水库所控制，已经从自然状态的水资源中分离出来，经过人工拦蓄而成为产品水。当这部分水从水塘、水库泄出，进入河道以后又成为国有水资源的一部分。

【案例 3 - 3】 水资源纠纷案件

一、案情介绍

某水电站，位于当地一水库引水堰上游 92m 的右岸，水电站本流域集雨面积 2.9km²，东引水区跨流域集雨面积 24.1km²；水电站初设装机容量 600 多 kW，年发电量为 213 万 kWh，工程预算 459.8 万元。建设项目原业主为当地电力工程管理局，1992 年 11 月该县水电局将该项目上报县计划经济委员会；1993 年 1 月，该地区水利水电勘测设计院予以初步设计，5 月该地区水电局发文予以批准，6 月 17 日县计经委下达立项通知。1995 年 6 月电力工程管理局将水电站项目开发权转让给方某等人（该转让合同有与上级法律法规相抵触的条款，成为日后纠纷的起因），方某等 4 人成立合伙企业，于 1998 年 8 月建成投产并网发电，2003 年 6 月申报取得了《取水许可证》1 本，有效期 5 年（2003 年 7 月 1 日—2008 年 6 月 30 日）。

2003 年 6 月县水电局经办人没有上报市级水利局审批直接发给该水电站《取水许可证》，根据有关文件规定，属超越职权。2005 年 8 月省水利厅发文件，审批权限下放，该《取水许可证》可由当地县水电局直接发给。为此，县水电局于 2005 年 11 月 22 日专门下发文件，在文件规定时间内该水电站到县水电局年审，2005 年 12 月 21 日，县水电局盖章通过了申请人的《取水许可证》年审。该电站自 1998 年投入运行后，每年向县水电局缴纳水资源费等规费。取得《取水许可证》后，按规定每年到县水电局通过年审。

因取水纠纷，2005 年 7 月 13 日，电力工程管理局以县水电局发给该电站《取水许可证》行为违法为由，向县人民法院提起行政诉讼，请求法院撤销《取水许可证》。县人民法院审理后裁定驳回起诉，理由是该《取水许可证》与电力工程管理局合法权益之间没有行政法上的利害关系，电力工程管理局不服提出上诉，市中级法院二审裁定维持原判。2005 年 5 月 11 日，该水电站以电力工程管理局侵权为由，向市中级人民法院提起诉讼，2008 年 5 月 26 日省高级人民法院终审判决电力工程管理局败诉，侵权成立，赔偿申请人 8940989.25 元。2008 年 9 月，县人民检察院立案调查，认为 2003 年发给该水电站的《取水许可证》当时经办人超越职权，造成电力工程管理局侵权赔偿，有渎职嫌疑。县法院判决犯罪成立，经办人被判有期徒刑 1 年，缓刑 1 年。2009 年 1 月 14 日，县人民检察院向县人民政府发出《检察建议书》，建议撤销当初超越职权审批的《取水许可证》。随后，县法制办认为，为电力工程管理局向省高院申请再审或由检察抗诉，增大改判可能等考虑，建议县水电局撤销该《取水许可证》，针对该建议县政府主要领导作了批示，要求撤销。县水电局在万般无奈的情况下于 2009 年 4 月 27 日，未经任何告知等程序，发文撤销了《取水许可证》。

2009 年 6 月 30 日该电站向市水利局提出行政复议申请，请求市局撤销县水电局的通知决定，市局依法受理后，根据复议申请理由和提供的有关证据，及县水电局向市局提供的答辩状和有关证据，经现场调查后认为，申请人复议理由充分，符合《中华人民共和国行政复议法》（简称《行政复议法》）撤销的规定条款，经市水利局领导集体讨论决定：撤销了 2009 年 4 月 27 日作出的《关于撤销县水电局取水〈取水许可证〉的通知》。

因本案涉及较大的集体和个人的经济利益，2011 年 4 月 18 日，市政府专门邀请市人大、法制办、中级法院、检察院、发改委、水利局和相关县政府及县水电局、电力工程管理局等，召开专题会议，会议一致认为市水利局的行政复议决定书是正确的。为此，市水利局于 2011 年 5 月 13 日向相关县人大作了书面答复。

二、法律问题

（1）复议申请是否应该受理。

（2）电力工程管理局是否为本案的第三人，有无必要征求当地人民政府的意见。

（3）撤销县水电局《取水许可证》理由是否充分，适用法律是否正确。

（4）本案越权审批经办人的行为是否构成犯罪。

（5）电力工程管理局为何要告县水电局发给该电站《取水许可证》行为违法。

三、案件评析

（1）复议申请依法必须受理。该电站因不服文件决定，于 2009 年 6 月 30 日向市水利局提出行政复议申请，符合法律规定，市水利局必须受理，不受理是一种行政不作为，无正当理由拒绝受理，相关责任人员根据《行政复议法》第 72 条规定将受到相应的行政处分。

（2）电力工程管理局不是本行政复议具体行政行为的有利害关系人，没有义务告知其参加复议。《行政复议法》第十条第三款规定，"同申请行政复议的具体行政行为有利害关系的其他公民、法人或者其他组织，可以作为第三人参加行政复议"。很明显法律没有明确规定行政复议必须要第三人参加，且市和县二级法院均做出裁定，该《取水许可证》与电力工程管理局的合法权益之间没有行政法上的利害关系，因此，电力工程管理局本来就不是本案的第三人，没有将电力工程管理局作为第三人是不违反《行政复议法》等有关规定的，同样《行政复议法》没有规定要征求当地人民政府的意见，故复议程序合法有效。

（3）撤销县水电局相关决定的理由。

1）县水电局撤销《取水许可证》程序违法。撤销是一种具体的行政行为，撤销许可证与《行政处罚法》中规定的吊销许可证具有同样的法律后果。因此，在作出撤销决定之前，应当告知当事人有要求听证和陈述、申辩的权利，没有事先告知听证和陈述、申辩，直接作出撤销决定，属程序违法。

2）县水电局撤销《取水许可证》主要事实不清、理由不足。一是申请和发放取水许可证前提是合法的。该水电站是经县计经委立项，市、县二级水行政主管部门批准的工程项目，水电站建成后经相关部门验收投产，申请提交取水许可材料齐全符合领证条件，该水电站依法享有电站所有权、发电经营权和取水发电权。二是发现经办人越权审批时县水电局与电力工程管理局围绕该《取水许可证》正在法院进行行政诉讼，根据司法优先原则，作为行政机关的县水电局不能作出变更、撤销或补证的决定。应该指出的是，2005年8月省水利厅下发的文件进一步规范水电站审批的规定："总装机容量在1000kW以下的水电站，由县级水行政主管部门审批并发放取水许可证"。2005年12月21日县水电局下发文件对包括该水电站的《取水许可证》进行了正常审验。事实上，申请人《取水许可证》审验合格记录和申请人水电站建成以来，水利等部门一直在征收包括跨流域引水费在内的水资源费、水电管理费、水利建设基金等各种规费，事实上申请人履行和承担了申领证后的权利和义务。三是法院判决情况。我国四级法院对《取水许可证》的行政诉讼和民事诉讼都做终审裁定。2009年4月，县水电局应该按照法院已经生效的裁定来重新核定该水电站的《取水许可证》，而无须再根据已过期失效的文件去撤销已过期失效的《取水许可证》。因此，县水电局撤销该水电站《取水许可证》，属主要事实不清、理由不足。

3）县水电局撤销《取水许可证》的具体行政行为明显不当。根据国务院

《取水许可和水资源费征收管理条例》有关规定和司法优先原则，该具体行政行为属明显不当。

根据《行政复议法》第二十八条第一款第（三）项第 1.3.5 目的规定，市水利局作出撤销县水电局天水电〔2009〕30 号的决定是完全正确的。

（4）本案越权审批经办人的行为与法院裁定经济赔偿无直接的因果关系，是否构成犯罪。首先看一下法院的裁定，2005 年 5 月，该水电站向市中级法院起诉电力工程管理局财产损害赔偿。2007 年 11 月，市中级法院认为：①该水电站对外是一个独立的民事主体，依法享有电站所有权、发电经营权和取水发电权；②本案不是双方当事人在履行开发转让协议产生的纠纷，而是跨流域引水面积减少，进而发电量、经营收入减少产生的纠纷，这是侵权之诉，不属合同纠纷范畴；③经现场踏勘，损害事实并未产生，故该水电站无权主张赔偿。当然，今后损害事实如果产生，该水电站仍可依法提出赔偿的权利主张，判决驳回诉讼请求。2008 年 1 月，该水电站不服一审判决，上诉至省高级法院。2008 年 8 月，省高级法院认为，该水电站跨流域引水使用权在先，其合法取水权受法律保护，任何单位和个人不得侵犯。而之后建设的水库的批复、建造、使用均在后，在没有达成赔偿损失的前提下，于 2004 年在该水电站旁边约 20.00m 同等高程处建造其他电站，将原本流入该水电站的水源截流至其他电站发电，从而造成该水电站仅有自身 2.9km^2 集雨面积的水源发电，永久丧失了原先批准使用的跨流域引水区集雨面积 24.1km^2 的水源，直接导致发电量和经营收入的减少。因此，该侵权行为给该水电站造成直接经济损失，两者具有因果关系，符合侵权行为的构成要件，应属侵权损害赔偿的范围。裁定电力工程管理局赔偿该水电站发电损失 800 余万元。电力工程管理局不服二审判决，向最高法院申请再审，2010 年 9 月，中华人民共和国最高法院认为：二审判决并无不当，驳回再审申请。由此可以看出，法院明确裁定是侵权之诉，是跨流域引水面积减少，进而发电量、经营收入减少的侵权行为给该水电站造成直接经济损失，两者具有因果关系，符合侵权行为的构成要件，应属侵权损害赔偿的范围。这说明本案越权审批经办人的行为与法院裁定经济赔偿无直接的因果关系，赔偿是因跨流域引水面积减少而产生的，是依据水利部《小水电建设项目经济评价规程》（SL 16—2010），而非《取水许可证》，可以假设无论该《取水许可证》的有与无，有效与无效，本案的侵权行为还是存在的，也就是说本案越权审批经办人的行为与法院裁定经济赔偿无直接的因果关系，不构成犯罪。

（5）电力工程管理局再三起诉县水电局。一是电力工程管理局单位的性质发生了变化，电力工程管理局原为县水电局下属的事业单位。二是一些执政人员缺少法律知识，严重违反了水资源所有权属于国家的规定，错误地认为下游的水库办了《取水许可证》，上游的梯级开发电站都不能再办《取水许可证》，且上游梯级电站的水资源费要交给下游的电力工程管理局，起诉法院败诉后，拒不执行。

3.1.5　河湖水域岸线管理保护

严格水域岸线等水生态空间管控，依法划定河湖管理范围。落实规划岸线分区管理要求，强化岸线保护和节约集约利用。严禁以各种名义侵占河道、围垦湖泊、非法采砂，对岸线乱占滥用、多占少用、占而不用等突出问题开展清理整治，恢复河湖水域岸线生态功能。

根据岸线资源的自然和经济社会功能属性以及不同的要求，将岸线资源划分为不同类型的区段，即岸线功能区。岸线功能区分为岸线保护区、岸线保留区、岸线控制利用区和岸线开发利用区四类。

岸线保护区，是指对流域防洪安全、水资源保护、水生态保护、珍稀濒危物种保护及独特的自然人文景观保护等至关重要而禁止开发利用的岸线区。一般情况下是国家和省级保护区（自然保护区、风景名胜区、森林公园、地质公园自然文化遗产等）、重要水源地等所在的河段，或因岸线开发利用对防洪和生态保护有重要影响的岸线区应划为保护区。

岸线保留区，是指规划期内暂时不开发利用或者尚不具备开发利用条件的岸线区。对河道尚处于演变过程中，河势不稳、河槽冲淤变化明显、主流摆动频繁的河段，或有一定的生态保护或特定功能要求，如防洪保留区、水资源保护区、供水水源地、河口围垦区的岸线等应划为保留区。

岸线控制利用区，是指因开发利用岸线资源对防洪安全、河流生态保护存在一定风险，或开发利用程度已较高，进一步开发利用对防洪、供水和河流生态安全等造成一定影响，而需要控制开发利用程度的岸线区段。岸线控制利用区要加强对开发利用活动的指导和管理，有控制、有条件地合理适度开发。

岸线开发利用区，是指河势基本稳定，无特殊生态保护要求或特定功能要求，岸线开发利用活动对河势稳定、防洪安全、供水安全及河流健康影响较小的岸线区，应按保障防洪安全、维护河流健康和支撑经济社会发展的要求，有计划、合理地开发利用。

《中华人民共和国河道管理条例》（简称《河道管理条例》）规定："第二十条 有堤防的河道，其管理范围为两岸堤防之间的水域、沙洲、滩地（包括可耕地）、行洪区，两岸堤防及护堤地。无堤防的河道，其管理范围根据历史最高洪水位或者设计洪水位确定。河道的具体管理范围，由县级以上地方人民政府负责划定。""第二十一条 在河道管理范围内，水域和土地的利用应当符合江河行洪、输水和航运的要求；滩地的利用，应当由河道主管机关会同土地管理等有关部门制定规划，报县级以上地方人民政府批准后实施。""第二十六条 根据堤防的重要程度、堤基土质条件等，河道主管机关报经县级以上人民政府批准，可以在河道管理范围的相连地域划定堤防安全保护区。在堤防安全保护区内，禁止进行打井、钻探、爆破、挖筑鱼塘、采石、取土等危害堤防安全的活动。"

因此，县级以上地方人民政府负责划定河道管理范围，河道主管机关提出堤防安全保护范围，并报请县级以上人民政府批准。

河道法律内禁止和限止性活动规定，主要见于《水法》《中华人民共和国防洪法》（简称《防洪法》）及《河道管理条例》，集中体现在《防洪法》第三章的有关条款中，其核心内容是河道内从事建设和生产的各项活动都必须符合防洪规划的要求，不得影响河势稳定、危害堤防安全、妨碍行洪和输水。

禁止在河道、湖泊管理范围内建设妨碍行洪的建筑物、构筑物。在河道、湖泊管理范围内建设各类建筑物和构筑物必须符合防洪规划，即须符合规划所确定的防洪标准以及由此而规定的河宽、洪水位等方面的技术要求，《河道管理条例》进一步具体规定为"修建桥梁、码头和其他设施，必须按照国家规定的防洪标准所确定的河宽进行，不得缩窄行洪通道""桥梁和栈桥的梁底必须高于设计洪水位，并按照防洪和航运的要求，留有一定的超高""跨越河道的管道、线路的净空高度必须符合防洪和航运的要求"等。

在河道、湖泊管理范围内的土地和岸线的利用应当符合行洪、输水要求，禁止从事影响河势稳定、危害堤防安全和妨碍行洪的活动。如禁止在河道、湖泊管理范围内倾倒垃圾、渣土；从事河道采砂、取土、淘金等活动不得影响河势稳定和危害堤岸安全；在行洪河道内不得种植阻碍行洪的林木和高秆作物；不得弃置、堆放阻碍行洪、航运的物体等。

禁止围湖造田。禁止围垦河流，如确需围垦的应当进行科学论证，经省级以上人民政府水行政主管部门同意后，报省级以上人民政府批准。禁止擅自填堵原有沟汊、贮水洼淀和废除原有防洪围堤。不得任意砍伐护堤护岸的林木。

规划同意书与涉河项目审批制度都是对河道管理范围内建设项目实施审批管理的制度。但是它们的管理对象不同，管理的要求也不同。规划同意书制度的管理对象是江河、湖泊上建设的防洪工程和其他水工程、水电站等，其主要目的是审查这些工程建设是否符合防洪规划的要求，确保防洪规划的正确实施。河道管理范围内建设项目的审批管理制度是针对河道管理范围内建设的跨河、穿河、穿堤、临河的桥梁、码头、道路、渡口、管道、缆线、取水、排水等非水工程设施，涉河项目审批是使这些工程设施建设符合防洪等各项技术要求，保证河道安全和行洪通畅。

对河道管理范围的一些重要建设项目，建设单位应当委托有相应资质的单位编制建设项目防洪评价报告，并组织专家进行评审，通过防洪评价报告明确涉河项目对防洪安全、河势稳定、第三方水事权益等方面影响的定量数据，作为水行政主管部门许可涉河项目的技术支撑，并获得许可。

建设项目占用水域采取"谁占用，谁补偿""占用多少、补偿多少"的办法，以保持水域率和水域功能的稳定性。根据水域占用和水域补偿的方式，可分为实物型的占补平衡与货币型的占补平衡。实物型的水域占补平衡，即占用多少水域、补偿多少水域；货币方式的占补平衡，是允许占用者以货币形式补偿其占用的水域，然后实现占补平衡。

占用水域补偿费按照建设项目占用水域的审批权限，实行"谁审批、谁收费"的原则。

【案例 3-4】　河湖水域岸线管理标识标牌

以重要水域保护告示牌为例，如图 3-9 所示。

【案例 3-5】　水域保护告示牌版面设计示例

（1）河道安全管理公告示例。以××河道安全管理公告为例，如图 3-10 所示。

折边40mm
40mm
1800mm
40mm
重要水域保护告示牌
水域管理责任主体：
管理责任人：
监督电话：
本水域位于××乡（镇）（街道）××村××库区（河段），总面积××平方公里。该水域为重要水域。在重要水域从事水资源开发、利用、节约、保护和防治水害等水事活动，应当遵守经批准的规划；禁止在饮用水水源保护区内设置排污口。在江河、湖泊新建、改建或者扩大排污口，应当经过有管辖权的水行政主管部门或者流域管理机构同意。从事工程建设，占用农业灌溉水源，或者对原有灌溉用水、供水水源有不利影响的，应当采取相应的补救措施；造成损失的，依法给予补偿。禁止在江河、湖泊、水库、运河、渠道内弃置、堆放阻碍行洪的物体和种植阻碍行洪的林木及高秆作物。国家实行河道采砂许可制度。禁止围湖造地，已经围垦的，应当按照国家规定的防洪标准有计划地退地还湖。禁止围垦河道。
折边40mm
40mm
1200mm
40mm

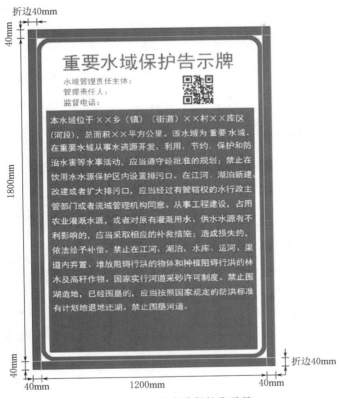

图 3-9　重要水域保护告示牌

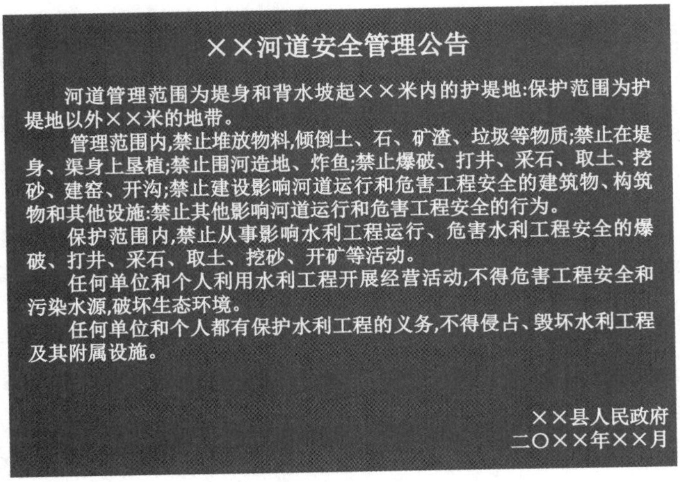

××河道安全管理公告
河道管理范围为堤身和背水坡起××米内的护堤地:保护范围为护堤地以外××米的地带。
管理范围内,禁止堆放物料,倾倒土、石、矿渣、垃圾等物质;禁止在堤身、渠身上垦植;禁止围河造地、炸鱼;禁止爆破、打井、采石、取土、挖砂、建窑、开沟;禁止建设影响河道运行和危害工程安全的建筑物、构筑物和其他设施:禁止其他影响河道运行和危害工程安全的行为。
保护范围内,禁止从事影响水利工程运行、危害水利工程安全的爆破、打井、采石、取土、挖砂、开矿等活动。
任何单位和个人利用水利工程开展经营活动,不得危害工程安全和污染水源,破坏生态环境。
任何单位和个人都有保护水利工程的义务,不得侵占、毁坏水利工程及其附属设施。
××县人民政府
二〇××年××月

图 3-10　××河道安全管理公告

（2）里程桩示例。里程桩示例如图 3-11 所示。

（3）界桩安装示例。界桩安装示例如图 3-12 所示。

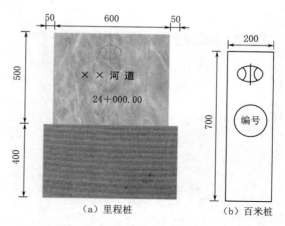

图 3-11　里程桩示例（单位：mm）

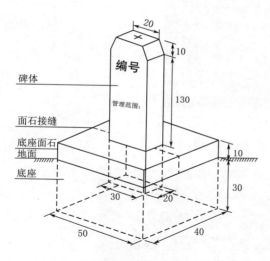

图 3-12　界桩安装示例（单位：cm）

3.1.6　水生态修复

推进河湖生态修复和保护，禁止侵占自然河湖、湿地等水源涵养空间。在规划的基础上稳步实施退田还湖还湿、退渔还湖，恢复河湖水系的自然连通，加强水生生物资源养护，提高水生生物多样性。开展河湖健康评估。强化山水林田湖系统治理，加大江河源头区、水源涵养区、生态敏感区保护力度，对三江源区、南水北调水源区等重要生态保护区实行更严格的保护。积极推进建立生态保护补偿机制，加强水土流失预防监督和综合整治，建设生态清洁型小流域，维护河湖生态环境。

水生态修复是指对湖、江、河、湿地的水质改善、水土保持、动植物栖息和绿化美化等方面的修复治理，对沿岸的空间、设施、环境等进行规划设计，以创造优美、生动、特色的水生态景观。同时，在保护生态环境及可持续发展思想下，从生态学的角度提出了植物修复、重构系统食物链、重建缓冲带及滨水绿化、实施生态护岸、增加物种重建群落等一系列恢复水生态的方式与途径。

1. 人工生态浮岛技术

人工生态浮岛技术是一种像筏子似的人工浮体，在这个人工浮体上栽培一些芦苇之类的水生植物。人工生态浮岛如图3-13所示。

图3-13 人工生态浮岛

人工生态浮岛技术的原理是在利用表面积很大的植物根系在水中形成浓密的网，吸附水体中大量的悬浮物，并逐渐在植物根系表面形成生物膜，膜中微生物吞噬和代谢水中的污染物成为无机物，使其成为植物的营养物质，通过光合作用转化为植物细胞的成分，促进其生长，最后通过收割浮岛植物和捕获鱼虾减少水中的营养盐。通过遮挡阳光抑制藻类的光合作用，减少浮游植物生长量，通过接触沉淀作用促使浮游植物沉降，有效防止"水华"发生，提高水体的透明度。人工浮岛本身具有适当的遮蔽、涡流、饲料等效果，构成了鱼类和水生昆虫生息的良好条件。同时浮岛上的植物可供鸟类栖息；为了吸引某种鸟在岛上搭窝，根据该鸟的筑巢习惯在人工浮岛上进行特殊布置，为该鸟创造筑巢的条件；此种设计有利于恢复物种多样性和保护当地特有物种。

人工生态浮岛技术的作用主要有水质净化、创造生物（鸟类、鱼类）的生息空间、改善景观及消波效果对岸边构成保护作用。

2. 生态基技术

生态基是一种经过处理的适合微生物生长的"床"，也就是一种新型生物载体（填料）。

生态基一旦放置于水中，立即会吸附水中各种水生生物到其表面，随着时间的推移生态基表面会附着生长微生物和藻类，这些微生物和藻类对于富营化水体起到生物过滤和生物转换的关键作用。附着在生态基上的微生物非常丰富，主要由细菌、真菌、藻类、原生动物和后生动物等构成复杂的生态系统。

微生物体系通过自身的新陈代谢分解水中的有机物，生态基上生长的微生物可吸附水体中的富营养成分，如氮、磷、硫、碳等物质，并将这些富营养成分富集，通过不同的微生物作用，转化成为二氧化碳、水和氮气等，从而夺取了蓝绿藻生长所需的营养物质，抑制了蓝绿藻的滋生，水质逐渐得到改善。

生态基主要应用于景观水体维护、湖泊和河道生态修复与维护方面。生态基如图 3-14 所示。

图 3-14　生态基

3. 曝气增氧技术

曝气增氧技术是一种增加水中溶解氧含量的方法。可以给水体充氧、提高水中的溶解氧，有效地消除水体的缺氧（厌氧）状态，强化水体的自净作用，避免黑臭等情况发生。

曝气增氧使有机物、微生物及氧之间充分混合接触，有机物浓度因稀释而迅速降至最低值，有效去除生化需氧量（biochemical oxygen demand，BOD）、化学需氧量（chemical oxygen demand，COD）、带颜色和臭味的有机物、营养盐（氮、磷）及浑浊的胶体、可溶解的无机盐等。同时具有好氧曝气和厌氧搅拌的双重功能，更能促进水体加速循环，并能清除长期搁置在水中不至于腐化的有机物，它还具有预曝气、脱臭、防止污水厌氧分解、除泡以及加速污水中油类的分离等作用。曝气增氧技术如图 3-15 所示。

图 3-15　曝气增氧技术

4. 生态驳岸

生态驳岸是综合工程力学、土壤学、生态学和植物学等学科的基本知识对边坡进行支护，形成由植物和工程组成的综合挡土或边坡保护结构。

我们旨在通过各种人工方法，以环保节能和就地取材为原则，恢复和保护生物生境，恢复物种的多样性、自然植被的多样性，并与景观相协调。生态驳岸如图 3-16 所示。

5. 水系沟通

"流水不腐"即流动的水不会腐臭。科学的解释是由于水的不断流动会使水中溶解氧浓度升高，充足的溶解氧保障了水中微生物的正常生长；另外，流动的水使水中微生物代谢产生的废物不会大量沉积，故而流水不腐。

断头河及河道断面堵塞，会使水流速度减缓，甚至变成死水。

要使水能够流动，必须有一定的水位差，水系沟通是解决途径之一。

【案例 3-6】　慈溪市城区河道水体流动措施

慈溪市位于东海之滨，东南与东方大港宁波市区接壤，西临浙江省会城市杭州市，北滨杭州湾，与上海市隔海相望。

慈溪市城区河道众多，河道走向以纵向（南北向）和横向（东西向）为主。纵向河道主要承担本区及区外产水北排杭州湾；横向河道以沟通本区纵向河道及本区与其他河区水量交换为主。同时，河道还承担小区域汇水、排水的任务。河道具有明显的网状水系特点，河流纵横交错，水动力严重不足，水体流动缓

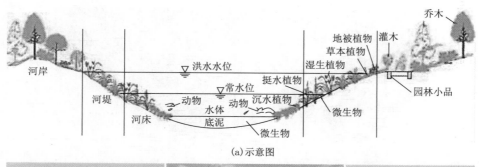

(a)示意图

(b)实景照片

图 3-16　生态驳岸

慢、流向多变。

按照"提升蓄水容量，增强排涝能力，改善生态景观，实现网通水动"的整治理念，构建域外引水，利用泵站增加水动力，以骨干河网流动带动整个城区河网流动的整体构架，促使城区河网水体有组织的流动。

该措施运行多年表明：慈溪市城区河道水体的水质得到了明显改善。

3.1.7　执法监管

建立健全法规制度，加大河湖管理保护监管力度，建立健全部门联合执法机制，完善行政执法与刑事司法衔接机制。建立河湖日常监管巡查制度，实行河湖动态监管。落实河湖管理保护执法监管责任主体、人员、设备和经费。严厉打击涉河湖违法行为，坚决清理整治非法排污、设障、捕捞、养殖、采砂、采矿、围垦、侵占水域岸线等活动。

一般地，河（湖）长不是执法主体，其职责是协助执法主体取证、监督执法主体的执法活动。

河（湖）的违法行为主要分为违法侵占、违法取水、违法排水和涉水建筑物破坏四类。

3.1.7.1　违法侵占

《水法》第六十五条规定："在河道管理范围内建设妨碍行洪的建筑物、构筑物，或者从事影响河势稳定、危害河岸堤防安全和其他妨碍河道行洪的活动的，由县级以上人民政府水行政主管部门或者流域管理机构依据职权，责令停止违法行为，限期拆除违法建筑物、构筑物，恢复原状；逾期不拆除、不恢复原状的，强行拆除，所需费用由违法单位或者个人负担，并处一万元以上十万元以下的罚款。未经水行政主管部门或者流域管理机构同意，擅自修建水工程，或者建设桥梁、码头和其他拦河、跨河、临河建筑物、构筑物，铺设跨河管道、电缆，且防洪法未作规定的，由县级以上人民政府水行政主管部门或者流域管理机构依据职权，责令停止违法行为，限期补办有关手续；逾期不补办或者补办未被批准的，责令限期拆除违法建筑物、构筑物；逾期不拆除的，强行拆除，所需费用由违法单位或者个人负担，并处一万元以上十万元以下的罚款。虽经水行政主管部门或者流域管理机构同意，但未按照要求修建前款所列工程设施的，由县级以上人民政府水行政主管部门或者流域管理机构依据职权，责令限期改正，按照情节轻重，处一万元以上十万元以下的罚款。"

《水法》第六十六条规定："有下列行为之一，且防洪法未作规定的，由县级以上人民政府水行政主管部门或者流域管理机构依据职权，责令停止违法行为，限期清除障碍或者采取其他补救措施，处一万元以上五万元以下的罚款：

（1）在江河、湖泊、水库、运河、渠道内弃置、堆放阻碍行洪的物体和种植阻碍行洪的林木及高秆作物的。

（2）围湖造地或者未经批准围垦河道的。"

可见，违法侵占行为包括以下类型：

（1）危害河岸堤防安全和其他妨碍河道行洪的建筑物、构筑物和活动；如堤防上的房屋建筑、河道上的房子等。河道管理范围内的建筑物如图 3-17 所示。河道内的房子如图 3-18 所示。

（2）未经同意的管理范围内的建筑物、构筑物和活动，如未经同意的码头、穿河管线等的建设。

（3）超出许可范围内的建筑物、构筑物等，如河道主管部门许可在特定区

图 3-17 河道管理范围内的建筑物

图 3-18 河道内的房子

域修建 2000m² 的高桩码头，实际上修建了重力式码头。超出许可范围建筑物比较图如图 3-19 所示。

3.1.7.2 违法取水

《水法》第六十九条规定："有下列行为之一的，由县级以上人民政府水行政主管部门或者流域管理机构依据职权，责令停止违法行为，限期采取补救措施，处二万元以上十万元以下的罚款；情节严重的，吊销其取水许可证：

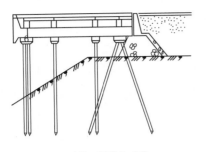
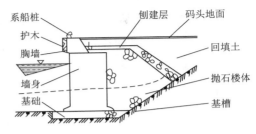

(a)许可的码头式样   (b)实际修建的码头式样

图 3-19 超出许可范围建筑物比较图

（1）未经批准擅自取水的。

（2）未依照批准的取水许可规定条件取水的。"

《水法》第七十条规定："拒不缴纳、拖延缴纳或者拖欠水资源费的，由县级以上人民政府水行政主管部门或者流域管理机构依据职权，责令限期缴纳；逾期不缴纳的，从滞纳之日起按日加收滞纳部分千分之二的滞纳金，并处应缴或者补缴水资源费一倍以上五倍以下的罚款。"

《水法》第七十五条规定："不同行政区域之间发生水事纠纷，有下列行为之一的，对负有责任的主管人员和其他直接责任人员依法给予行政处分：

（1）拒不执行水量分配方案和水量调度预案的。

（2）拒不服从水量统一调度的。

（3）拒不执行上一级人民政府的裁决的。

（4）在水事纠纷解决前，未经各方达成协议或者上一级人民政府批准，单方面违反本法规定改变水的现状的。"

3.1.7.3 违法排水

《水法》第六十七条规定："在饮用水水源保护区内设置排污口的，由县级以上地方人民政府责令限期拆除、恢复原状；逾期不拆除、不恢复原状的，强行拆除、恢复原状，并处五万元以上十万元以下的罚款。

未经水行政主管部门或者流域管理机构审查同意，擅自在江河、湖泊新建、改建或者扩大排污口的，由县级以上人民政府水行政主管部门或者流域管理机构依据职权，责令停止违法行为，限期恢复原状，处五万元以上十万元以下的罚款。"

3.1.7.4　涉水建筑物破坏

《水法》第七十二条规定："有下列行为之一，构成犯罪的，依照刑法的有关规定追究刑事责任；尚不够刑事处罚，且防洪法未作规定的，由县级以上地方人民政府水行政主管部门或者流域管理机构依据职权，责令停止违法行为，采取补救措施，处一万元以上五万元以下的罚款；违反治安管理处罚法的，由公安机关依法给予治安管理处罚；给他人造成损失的，依法承担赔偿责任：

（1）侵占、毁坏水工程及堤防、护岸等有关设施，毁坏防汛、水文监测、水文地质监测设施的。

（2）在水工程保护范围内，从事影响水工程运行和危害水工程安全的爆破、打井、采石、取土等活动的。"

《水法》第七十三条规定："侵占、盗窃或者抢夺防汛物资，防洪排涝、农田水利、水文监测和测量以及其他水工程设备和器材，贪污或者挪用国家救灾、抢险、防汛、移民安置和补偿及其他水利建设款物，构成犯罪的，依照刑法的有关规定追究刑事责任。"

《水法》第七十四条规定："在水事纠纷发生及其处理过程中煽动闹事、结伙斗殴、抢夺或者损坏公私财物、非法限制他人人身自由，构成犯罪的，依照刑法的有关规定追究刑事责任；尚不够刑事处罚的，由公安机关依法给予治安管理处罚。"

3.1.8　水文化传承

水，作为一种自然元素，是人生命的依托，又是一种精神资源。人类文明的发展史，也是一部水文化的发展史。水文化的内涵丰富，涵盖多个层面，随时代的发展而在不断地变化和创新。随着人们意识的提高，水文化内涵必将更加和谐、科学、自然、美好。

社会文明发展到今天，研究水文化，认识水文化，营造水文化，弘扬水文化，有助于人的身心健康，可以给人们提供环境优美宜人的休闲娱乐场所，带来清新自然的浪漫气息，怡养人们的情趣和心境，还能给人以知识、思考、教育和启迪。因此，认识水文化，挖掘水文化，弘扬水文化，对于增强全社会的爱水、亲水、节水、护水的意识，转变用水观念和经济增长方式，创新发展模式，形成良好的社会风尚和社会氛围，遵循水的自然规律和社会经济规律，规范人类行为，实现自律式发展，科学地开发利用、节约保护水资源，建设资源节约型、环境友好型社会，从容应对水危机，促进人水和谐，以水资源的可持续利用保证社会经济环境的可持续发展，全面建设小康社会都具有十分重要的现实意义和深远的历史意义。

水文化需要和建设水平相适应，在建设过程中必须注意水体与城镇建筑的交融，岸与水、岸与陆地的对接，桥梁与城镇的融合，水文化与特色小镇的融合。

1. 水体与城镇建筑的交融

要注意水体恢复与地区环境和谐，要杜绝填埋河道，或者打着治理污染的旗号，填埋污染水体。应保留尽可能多的水体，清理河道，整治沿河环境；有的河道水系与城镇历史文化息息相关，甚至是城镇文化的一个组成部分，应积极按原貌恢复，重现历史的河道水系格局，提升历史水文化氛围，恢复城镇经济活力；可以利用断头河道、死水池塘，在合适的地区构建活水河道，营造新水乡风情。

2. 岸与水、岸与陆地的对接

协调防汛与亲水的矛盾，水、城与河流高差往往不能满足防汛要求，若以传统方式紧邻河流建造高出城市地平标高的混凝土河岸，势必造成城与河的阻隔，可以考虑以适当的河岸形式解决这个问题。可采取内移防汛墙，将防汛墙退后设置，在临水侧留出一定的亲水岸地；减低堤坝与景观的矛盾，如柔化河岸与水体、陆地的界面，在近水处或水中栽植植物；促进河岸生态化，根据不同环境特点和不同防汛要求，在有效防止河岸坍塌以及抵御洪水、排涝要求的前提下，可以建设具有不同自然程度的生态河岸。

3. 桥梁与城镇的融合

桥梁所具有的通过、休闲、眺望、象征特性，决定其在江南水乡城镇中无可替代的重要作用，水文化的篇幅中不可能缺少这样的重要角色。

（1）应创造丰富的空间形态，可以结合桥梁与河岸的一侧或双侧放大，形成桥头广场，也可结合地形在桥的中部放大，形成折线形桥、双桥、廊桥，与建筑结合，与街道结合，形成富有地方特色的桥梁。

（2）将由于河道加宽或步行改建车行的桥梁，以及在建设中拆除的有历史价值、造型独特的传统桥梁，重新恢复起来，形成富有地方特色的桥文化廊道，

集中展现悠久而动人的江南水文化。

（3）桥梁与河流两岸，与建筑、广场的衔接，必须遵循统一、渗透、结合的原则，从地区整体风貌出发，与周边要素整合，以达到桥梁与环境的良好互动。

4. 水文化与特色小镇的融合

后现代社会中，大事件的发生是城市建设的有效催化剂。很多城市利用具有区域或国内甚至国际影响的大事件，达到宣传自身、激发居民自豪感与凝聚力的目的，通过吸引外界的注意力，创造城镇新的发展机遇。奥运会对北京城市建设档次的提高、世博会对上海形象和市政建设的提升有目共睹。大事件对江南水乡城市的建设同样具有不可估量的价值。当今世界，科技、信息高度发达，大事件并非专属于大城市，很多大型活动很可能发生在中小城市，甚至是小城镇。比如浙江乌镇成为互联网小镇，极大提高了这个江南水乡城镇的国际知名度，城镇建设面貌日新月异。乌镇水乡风貌如图 3-20 所示。利用地方特色，发展专业性较强的会展业、旅游业等产业，已经成为很多江南水乡城市建设和发展的必选项。宏村的水文化元素应用如图 3-21 所示。

图 3-20　乌镇水乡风貌

水文化与特色小镇的融合须注重：

（1）忌大拆大建，忌脱离江南水文化底蕴，盲目追求宏大气势。融合应量力而行，追求小而精，特而新。

图 3-21　宏村的水文化元素应用

追求创造与水联系的多样化活动，尽量多地利用现状城市基础设施与会展设施，避免无原则新建会馆。活动安排尽量与水保持密切联系，使居民的亲水近水需求能够得到最大满足，赋予活动一定的地方特色。

（2）河流功能向全方位、综合利用的方向发展，进一步加强生态建设，促进城镇与水系的生态共融。

活动安排注意避开生态敏感地段，以生态保证为第一位考虑，尽量减少人的活动对敏感水系的干扰。

（3）结合景观认知特征，按功能单元分区，满足大型会展人流车流需求。同时在不干扰居民日常生活的前提下，满足居民与外来客流参与活动。

（4）会场周边考虑相应的功能设施，包括餐饮服务、文化活动及休闲旅游等功能，并考虑多功能兼容，以及非会期间的保养维护及居民利用。使临时性与永久性建构筑物在会展期间和期后的拆除及重复使用保持在合适与可以承受的范围内。

3.2　巡河

巡河（湖）是各级河湖长的重要工作内容之一。

3.2.1 巡河任务

乡、村级和市、县级河长应当按照国家和省规定的巡查周期和巡查事项对责任水域进行巡查，并如实记载巡查情况。乡、村级河长的巡查一般应当为责任水域的全面巡查。市、县级河长应当根据巡查情况，检查责任水域管理机制、工作制度的建立和实施情况。市、县级河长可以根据巡查情况，对本级人民政府相关主管部门是否依法履行日常监督检查职责予以分析、认定，并对相关主管部门日常监督检查的重点事项提出相应要求；分析、认定时应当征求乡、村级河长的意见。

3.2.2 巡河要求

乡、村级河长的巡查一般应当为责任水域的全面巡查。市、县级河长应当根据巡查情况，检查责任水域管理机制、工作制度的建立和实施情况。市、县级河长可以根据巡查情况，对本级人民政府相关主管部门是否依法履行日常监督检查职责予以分析、认定，并对相关主管部门日常监督检查的重点事项提出相应要求；分析、认定时应当征求乡级、村级河长的意见。

【**案例 3－7**】 浙江省《基层河长巡查工作细则》

基层河长是责任河道巡查工作的第一责任人。河道保洁员、网格化监管员要结合保洁、监管等日常工作，积极协助基层河长开展巡查，发现河道水质异常、入河排污（水）口排放异常等问题应第一时间报告河长。

基层河长应加大对责任河道的巡查力度，镇级河长不少于每旬一次，村级河长不少于每周一次，对水质不达标、问题较多的河道应加大巡查频次。基层河长因故不能开展巡查的，应委托相关人员代为开展巡查，巡查情况及时报告基层河长。

基层河长巡查原则上应对责任河道进行全面巡查，并覆盖所有入河排污（水）口、主要污染源及河长公示牌。

基层河长巡查应重点查看以下内容：

（1）河面、河岸保洁是否到位。

（2）河底有无明显污泥或垃圾淤积。

（3）河道水体有无异味，颜色是否异常（如发黑、发黄、发白等）。

（4）是否有新增入河排污口；入河排污口排放废水的颜色、气味是否异常，雨水排放口晴天有无污水排放；汇入入河排污（水）口的工业企业、畜禽养殖场、污水处理设施、服务行业企业等是否存在明显异常排放情况。

（5）是否存在涉水违建（构）筑物，是否存在倾倒废土弃渣、工业固废和危废，是否存在其他侵占河道的问题。

（6）是否存在非法电鱼、网鱼、药鱼等破坏水生态环境的行为。

（7）河长公示牌等涉水告示牌设置是否规范，是否存在倾斜、破损、变形、变色、老化等影响使用的问题。

（8）以前巡查发现的问题是否解决到位。

（9）是否存在其他影响河道水质的问题。

3.2.3　巡河装备

巡河装备主要包括雨衣、雨裤、手电、pH试纸、水样瓶、木棍、手机、钢卷尺、头盔、望远镜等。

（1）雨衣、雨裤作为河长防护装备，方便雨天出行，同时也为了下水保护。

（2）手电作为照明设备，夜间巡河使用，有时方便观察阴暗处；有河长用智能手机替代。

（3）pH试纸用来检测水体的酸碱度。使用时，撕下一条，放在水体中，取出后根据试纸的颜色变化与标准比色卡比对就可以知道水体的酸碱性度，十分方便。Ⅰ～Ⅳ类水的pH为6.5～8.5。

（4）水样瓶用来取水样，将认为水质可能有问题的水采样装入瓶中，交检测单位检测。

（5）木棍有两个作用：其一为探测地方隐患，如裂缝、空洞等；其二为防身用。

（6）手机装有巡河应用程序，拍照、定位、联系用，同时可用作照明等。

（7）钢卷尺可用来测量距离，如量测裂缝的长度、宽度等，也用于量测违法堆置物的大小、距离等。

（8）头盔是河长防护装备。

（9）望远镜用来观察较远物体，如河道中间、对岸等的物体或活动。

3.2.4　巡河方法

1. 日常巡河

根据相关规定，镇级河长巡河频次不少于每旬一次，村级河长巡河频次不

少于每周一次。

日常巡河要按照规定的内容和线路进行。一般地，河长要规划好巡河线路，良好的巡河线路应能覆盖所有巡河内容，巡河线路尽可能短，尽量避免重复。

2. 特殊巡河

暴雨、洪水后，以及五一、中秋、国庆、春节等重要节庆日期间，镇级、村级河长应进行一次巡河。

和日常巡河不同，特殊巡河可有重点地进行，如暴雨、洪水后，重点为河岸（堤）的冲刷情况，河面漂浮物变化情况等；节庆日重点关注河面保洁、排水口水质等情况。

3. 专项巡河

涉河工程完工、重大事故发生等可能对河（湖）发生重大影响的事件后，县级、镇级、村级河长应进行一次专项巡河。

专项巡河主要针对发生重大事件对河（湖）的影响，以便对现有该河（湖）管理措施提出修订意见。

【案例 3-8】　浙江德清的巡河"五步法"

德清县以"河长领衔治"为主抓手，实现县镇村三级河长体系全覆盖，根据省治水办《基层河长巡查工作细则》，提出"基层河长履职五步法"。截至目前，基层河长巡河综合履职率较年初提升 80%。

"一看"水。通过"清三河"、截污纳管等多项水环境治理专项工程，切实改善我县整体水环境质量。将观察水质动态变化作为基层河长履职的首要要素，将水体颜色是否异常、水生动植物生长是否正常、河道水体有无异味等作为观察指标，新市、洛舍等镇基层河长通过每月现场采水样陈列对比，用数据检验水体变化情况。

"二查"牌。设立河长公示牌、入河排污（水）口公示牌、小微水体公示牌等作为河长及河道水体的"身份证"，有效传达全民治水理念，实现河道水体社会监督。同时，深化"三牌"常态管理，对巡河中发现的"三牌"存在公示信息未调整、立牌破损老化等问题，第一时间进行调整或更换。2017 年以来，全县"三牌"新增 2513 个、更换 352 个。

"三巡"河。根据一般河道水体存在的共性问题，构建河道、河岸、河面三位一体巡河模式，将河长巡查要素简化成"是与否"两种答案，即对水体环境卫生是否到位、是否有新增污染源、是否存在涉水违建（构）筑物等重点问题进行巡查，运用河长应用程序将存在的问题及时向上级河长及河长办汇报，实现苗头性问题"早发现、早解决"。同时，引入第三方无人机专业技术，开展数字化分类分级河道水体巡查，月均巡查 600 余小时，有效破解人力巡查时因河道环境复杂而存在的死角难题。

"四访"民。在实践中探索形成"河长访民三要点"，即河长"必亮"身份，通过佩戴河长臂章、配挂河长工作牌等形式，在工作中接受群众监督；巡河"必谈"水情，进农户、进家庭、进田地，面对面普及水环境知识，引导群众参与治水从点滴做起；治理"必问"对策，吸取民间智慧，听取群众治水意见建议，使群众成为治水的执行者、监督者和受益者。下渚湖街道基层河长通过与农户交流水产养殖经验，研发出生态浮岛、浮式增氧泵等净水设备，"科技＋土法"模式取得治理实效，在全县推广使用。

"五落实"问题。坚持以发现、解决问题作为河长履职的根本落脚点，建立健全"一书两单"、河长履职管理考核等机制，将河道问题清单纳入河长离岗交接项目范围，将问题上报率、问题处理率纳入河长履职电子化考核范围，将河长履职述职纳入群众评议河长满意度范围，确保"短期问题立行立改、长期问题分步整改"。2017 年，全县共上报各类事件 187 件，结案率为 100%。

【案例 3-9】 浦江县的乡镇河长"三不三得"

浦江县的乡镇河长"三不三得"。"三不三得"是指"狗不叫，民不骂，事不难；进得门，坐得下，谈得拢。"

3.3 问题处置

3.3.1 问题处置流程

各级河长在巡河过程中会发现各种问题，有些问题可以当场处理，有些问题不在河长的权限范围内，需要上报或责成相关部门处理，最后需要评价处理结果。一般的，可按问题处置流程图进行处置，如图 3-22 所示。

村级河长在巡查中发现问题或者相关违法行为，督促处理或者劝阻无效的，应当向该水域的乡镇级河长报告；无乡镇级河长的，向乡镇人民政府、街道办事处报告。

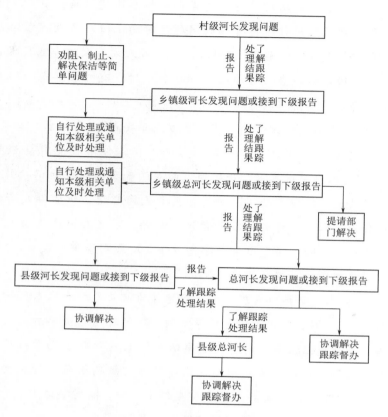

图 3-22 问题处置流程图

乡镇级河长对巡查中发现的和村级河长报告的问题或者相关违法行为，应当协调、督促处理；协调、督促处理无效的，应当向市、县相关主管部门，该水域的市、县级河长或者市、县河长制工作机构报告。

市、县级河长和市、县河长制工作机构在巡查中发现水域存在问题或者违法行为，或者接到相应报告的，应当督促本级相关主管部门限期予以处理或者查处；属于省级相关主管部门职责范围的，应当提请省级河长或者省河长制工作机构督促相关主管部门限期予以处理或者查处。

3.3.2 问题发现

问题发现的途径可以总结为两类，即河长巡河和群众举报。群众举报信息可能直接获得或间接来自上级河长，对于群众举报的信息，河长需要进行核实，并记录在河道巡查问题登记表中，见表 3-1。

表 3-1 河道巡查问题登记表

村（居）：　　　　　　　　　　　编号：

巡查日期		河流名称		
巡查起点		巡查终点		
存在问题	位置	整改要求	责任部门（单位）	完成时限

备注：

3.3.3　调查取证

调查取证的手段主要包括拍照、录像，询问、笔录，查阅资料等。

1. 拍照、录像

把看到的或群众举报的疑似违法行为，通过拍照或者录像的办法进行证据固定，拍照时要尽可能全方位进行，同时要记录时间和经纬度，如果用手机拍照，可以采用照片中包含拍照时间和经纬度的应用程序。

2. 询问、笔录

针对疑似违法行为，如果是群众举报的，尽量找到举报人了解具体情况。如果能找到疑似违法行为的责任主体，就找到相应责任主体的相关人员谈话，同时还必须找利害关系人或者了解情况的人员谈话。对于技术问题，可以求教专业技术人员。

谈话、询问要尽量做笔录，询问要有策略性，要讲究方式、方法。

3. 查阅资料

查阅资料主要是针对疑似违法行为查找相关文件材料，如政府批文、设计文件、实施过程资料、督查（检查）资料、检测（验）报告等。重要的资料尽量复印或者拍照留存。

3.3.4   问题处置

问题处置主要包括问题分析、问题交办、问题整改监督和整改结果评价四个阶段。

3.3.4.1   问题分析

根据发现的问题，首先必须明确疑似违法行为的责任主体，然后确定职能（责任）部门。

【案例 3-10】 2018 年 11 月 20 日，某镇级河长在河道巡查中发现有人在河道左岸约 20m 处实施采砂吹填。经初步调查了解，采砂吹填行为是某施工队王某所为，经询问王某无法出示采砂许可证、水上水下安全施工作业证等。依据《水法》第三十九条规定："国家实行河道采砂许可制度，在河道管理范围内采砂，影响河势稳定或者危及堤防安全的，有关县级以上人民政府水行政主管部门应当划定禁采区和规定禁采期，并予以公告。"根据《河道管理条例》第二十五条，在河道内采砂，必须报经河道主管机关批准。依据《中华人民共和国矿产资源法》，将河流江砂纳入矿产实行管理，要办理采矿许可证及征收矿产资源补偿费。按照《中华人民共和国航道管理条例》《中华人民共和国水上水下施工作业通航安全管理规定》，要办理水上水下安全施工作业证。

该镇级河长明确的疑似违法行为责任主体为某施工队王某，但是责任部门不知道交给谁，该镇级河长把这一情况及相应的证据报告给县级河长机构。

3.3.4.2   问题交办

问题的交办主要由镇级及以上河长办理。根据发现的问题及牵头责任部门，填写存在问题整改交办单，见表 3-2。

表 3 - 2　　　　　　　　　　　　　存在问题整改交办单

交办单号：

河道名称		责任部门（单位）	
交办事项			
整改期限		年　月　日　前	
联系部门	签字：	年　月　日	
签发河长	签字：	年　月　日	
责任单位	交接人签字：	年　月　日	
备注			

3.3.4.3　问题整改监督

牵头的责任部门（单位）要按照存在问题整改反馈表及时反馈给交办单签发的河长，河长要根据反馈表承诺的内容进行监督，如果整改不到位，需再次签发交办单。存在问题整改反馈表见表 3 - 3。

表 3 - 3　　　　　　　　　　　存在问题整改反馈表

河道名称		责任部门（单位）	
交办时间		交办单号	
交办事项及时间要求			
整改情况			
整改完成时间		责任部门签字	
备注			

3.3.4.4　整改结果评价

整改结果评价是问题得到处理的重要闭环，评价的内容应包括河（湖）影响程度、责任部门的整改态度及群众评价等。

第4章

"一河（湖）一策"制定与落实

4.1 主要内容

4.1.1 编制原则

坚持问题导向。围绕六大任务，梳理河湖管理保护存在的突出问题，因河（湖）施策，因地制宜设定目标任务，提出针对性强、易于操作的措施，切实解决影响河湖健康的突出问题。

坚持统筹协调。目标任务要与相关规划、河长制工作方案相协调，妥善处理好水下与岸上、整体与局部、近期与远期、上下游、左右岸、干支流的目标任务关系，整体推进河湖管理保护。

坚持分步实施。以近期目标为重点，合理分解年度目标任务，区分轻重缓急，分步实施。对于群众反映强烈的突出问题，要优先安排解决。

坚持责任明晰。明确属地责任和部门分工，将目标、任务逐一落实到责任单位和责任人，做到可监测、可监督、可考核。

4.1.2 主要内容

"一河（湖）一策"主要内容有管理空间范围界定、现状调查、问题分析、治理保护目标、治理保护任务与措施、实施安排、保障措施等。

4.1.2.1 管理空间范围界定

广义上的河长管理空间范围是整个流域，流域内所有的事件都与河长职责

有直接或间接的联系，如水污染表现在水体中，但根源在岸上。

狭义上的河长管理空间范围是河长的巡河范围，即河（湖）上下游交接断面和保护范围构成的封闭圈。

上下游交接断面在统筹考虑有效考核的基础上根据行政指令进行划分，一般以行政区划界限为交接断面，如县级河长管理空间范围一般为县域的出（入）境断面。

河（湖）的保护范围（或管理范围）划定一般由水行政主管部门负责实施，县级人民政府批准。

4.1.2.2 现状调查

现状调查主要包括河湖基本信息和动态信息。基本信息主要有河道的自然属性和社会属性，其主要内容为河道地理位置、集雨面积、所属流域、河道起止点、河道长度、流经区域以及经济社会发展状况等。动态信息主要内容为取用水、排污、水质、水生态、岸线开发利用、河道利用、涉水工程和设施等信息。

将现状调查的结果汇编成"一河（湖）一档"。

1. 河湖基本信息调查

河湖基本信息调查主要包括地理位置、集雨面积、所属流域、河道起止点、河道长度（湖泊面积、容积）、流经区域以及经济社会发展状况等。

2. 取用水信息调查

取用水信息主要包括取水口、许可年取水量、实际年取水量、饮用水水源地情况等。

3. 排污信息调查

排污信息主要包括排污口、年排污量、排污口监测情况等。

4. 水质信息调查

水质信息主要包括河段起讫点水质类别、不同水质河段比例、水功能区水质达标率等。

5. 水生态信息调查

水生态信息主要包括河道断流情况、各类自然文化资源保护区、国家重点生态功能区和重点风景名胜区等。

6. 岸线开发利用信息调查

岸线开发利用信息主要包括岸线长度、岸线功能区划情况、开发利用情况等。

7. 河道利用信息调查

河道利用信息主要包括通航、水产养殖、规划采砂可采区以及可采总量等。

8. 涉水工程和设施信息

涉水工程和设施信息主要包括拦河闸与拦河泵站、橡胶坝与滚水坝、通航建筑物、水库、堤岸护坡、港口与码头、桥梁、涵洞、隧洞、渡槽等跨河穿河临河建筑物情况。

【案例 4-1】 大陈江（诸暨段）"一河一档"

大陈江，发源于义乌市巧溪乡大坞尖，流经义乌市苏溪、大陈，由浦江县郑家坞入境，经三联、霞丽、球山、河杨、安华、勤荣、珠峰、五指山、双峰、三合、新一 11 个村，至安华镇入浦阳江。

大陈江全长 39.6km，诸暨境内流长 7.2km。流域面积 234km²，境内流域面积 41km²。主河道槽宽 60~70m。属山溪性河流，流浅滩宽，古通竹筏。

大陈江入口断面图如图 4-1 所示，出口断面图如图 4-2 所示。

(a)卫星图片　　　　　　　　　　　(b)现场照片

图 4-1　大陈江入口断面图

1. 支流

大陈江诸暨境内段共有支流 2 条，其中左岸 1 条，右岸 1 条。支流位置及名称见表 4-1。

| (a)卫星图片 | (b)现场照片 |

图 4-2　大陈江出口断面图

表 4-1 支 流 名 称 和 位 置 表

左　岸			右　岸		
支流名称	入河口位置		支流名称	入河口位置	
	经度	纬度		经度	纬度
上新宅渠道	120°5′26.78″	29°30′29.76″	三联水库排洪渠道	120°5′43.04″	29°30′45.75″

2. 河道水功能区

大陈江诸暨境内段为工业、农业用水功能区，河道目标水质为Ⅳ类，现状水质为Ⅳ类。大陈江诸暨境内段无自然文化资源保护区、国家重点生态功能区、重点风景名胜区。

3. 取水口

大陈江诸暨境内共有取水口 3 个，均为灌溉取水口，无饮用水取水口。按规定农业取水无需办理取水许可。

4. 排水（污）口

大陈江诸暨境内段共有排水（污）口 9 个，均为雨水排入口。

5. 岸线开发利用

大陈江诸暨境内段岸线长度共计 12.9km，其中左岸 6.46km，右岸 6.44km，无江心洲。岸线划定正在进行中。

6. 河道利用

大陈江诸暨境内段通航河段规划长度 7.2km。现状：不通航；该河段不允许采砂。

7. 涉水工程和设施

大陈江诸暨境内段的涉水工程和设施主要包括滚水坝 7 座、泵站 15 座、取水闸 3 处、排水闸 3 处、桥梁 3 座等。

大陈江诸暨境内段共有堤防 4 段，其中左岸 2 段，右岸 2 段，规划标准为 20 年一遇，现均达到规划标准。

4.1.2.3 问题分析

针对水污染、水环境、水域岸线管理保护、水资源保护、水生态修复、执法监管存在的主要问题，分析问题产生的主要原因，提出河湖问题清单，见表 4 - 2。

表 4 - 2   河 湖 问 题 清 单

问题类型	主要问题	成因	所在位置	备注
水污染				
水环境				
水域岸线管理保护				
水资源保护				
水生态				
执法监管				

参考问题清单如下：

水污染问题一般包括工业废污水、畜禽养殖排泄物、生活污水直排偷排河湖的问题，农药、化肥等农业面源污染严重的问题，河湖水域岸线内畜禽养殖污染、水产养殖污染的问题，河湖水面污染性漂浮物的问题，航运污染、船舶港口污染的问题，入河湖排污口设置不合理的问题，电毒炸鱼的问题等。

水环境问题一般包括河湖水功能区、水源保护区水质保护粗放、水质不达标的问题，水源地保护区内存在违法建筑物和排污口的问题，工业垃圾、生产废料、生活垃圾等堆放在河湖水域岸线的问题，河湖黑臭水体及劣Ⅴ类水体的问题等。

水域岸线管理保护问题一般包括河湖管理范围尚未划定或范围不明确的问题，河湖生态空间未划定、管控制度未建立的问题，河湖水域岸线保护利用规划未编制、功能分区不明确或分区管理不严格的问题，未经批准或不按批准方案建设临河（湖）、跨河（湖）、穿河（湖）等涉河建筑物及设施的问题，涉河建设项目审批不规范、监管不到位的问题，有砂石资源的河湖未编制采砂管理规划、采砂许可不规范、采砂监管粗放的问题，违法违规开展水上运动和旅游项目、违法养殖、侵占河道、围垦湖泊、非法采砂等乱占滥用河湖水域岸线的问题，河湖堤防结构残缺、堤顶堤坡表面破损杂乱的问题等。

水资源保护问题一般包括本地区落实最严格水资源管理制度存在的问题，工业农业生活节水制度、节水设施建设滞后、用水效率低的问题，河湖水资源利用过度的问题，河湖水功能区尚未划定或者已划定但分区监管不严的问题，入河湖排污口监管不到位的问题，排污总量限制措施落实不严格的问题，饮水水源保护措施不到位的问题等。

水生态问题一般包括河道生态基流不足、湖泊生态水位不达标的问题，河湖淤积萎缩的问题，河湖水系不连通、水体流通性差、富营养化的问题，河湖流域内水土流失问题，围湖造田、围河湖养殖的问题，河湖水生生物单一或生境破坏的问题，河湖涉及的自然保护区、水源涵养区、江河源头区、生态敏感区生态保护粗放、生态恶化的问题等。

执法监管问题一般包括河湖管理保护执法队伍人员少、经费不足、装备差、力量弱的问题，区域内部门联合执法机制未形成的问题，执法手段软化、执法效力不强的问题，河湖日常巡查制度不健全、不落实的问题，涉河涉湖违法违规行为查处打击力度不够、震慑效果不明显的问题等。

4.1.2.4　治理保护目标

1. 治理保护目标制订依据

围绕着水污染防治、水环境治理、水域岸线管理保护、水资源保护、水生态修复、执法监管六大任务，结合相关规划和河湖实际，确定总体目标及分年度目标。

2. 总体目标

总体目标一般包括水环境质量改善目标（水质监控断面、水功能区达标

等）、河湖空间管控目标（新增水域面积、河道管理范围划定、水利工程标准化、涉水违法建筑物拆除等）、水资源保护目标（重要江河湖泊水功能区水质达标率、地表水省控断面Ⅲ类水以上比例指标、饮用水水源地水质达标率、生态基流满足程度等）、水生态修复目标（河道整治、生态河道建设、水土保持、河道清淤等）等。

【案例 4 - 2】 浙江省平湖市曹兑港河治理总体目标

到 2017 年年底，全面剿灭劣Ⅴ类水体。到 2020 年，主干河道水质三项指标总体稳定在Ⅳ类，力争达到Ⅲ类。全面清除河湖库塘污泥，有效清除存量淤泥，建立轮疏工作机制，严厉打击侵占水域、乱弃渣土等违法行为，加大涉水违建拆除力度，实现河道管理范围内基本无违建，也无新增违建，基本建成河道健康保障体系和管理机制，实现河道水域不萎缩、功能不衰减、生态不退化。

3. 目标清单

针对河湖存在的主要问题，依据国家相关规划，结合本地实际和可能达到的预期效果，合理提出"一河（湖）一策"方案实施周期内河湖管理保护的总体目标和年度目标清单。河湖管理目标清单见表 4 - 3。各地可选择、细化、调整供参考的总体目标清单。同时，本级河长负责的河湖（河段）管理保护目标要分解至下一级河长负责的河段（湖片），并制定目标任务分解表。

表 4 - 3　　　　　　　　　河 湖 管 理 目 标 清 单

目标类型	总体目标			阶段目标			责任部门	备注
	主要指标	指标值		第 1 年	第 2 年	第 N 年		
		现状	预期					
水污染防治								
水环境治理								
水域岸线管理保护								
水资源保护								
水生态修复								

参考保护目标清单如下：

水污染防治目标一般包括入河湖污染物总量控制、河湖污染物减排、入河湖排污口整治与监管、面源与内源污染控制等指标。

水环境治理目标一般包括主要控制断面水质、水功能区水质、黑臭水体治理、废污水收集处理、沿岸垃圾废料处理等指标，有条件地区可增加亲水生态岸线建设、农村水环境治理等指标。

水域岸线管理保护目标通常有河湖管理范围划定、河湖生态空间划定、水域岸线分区管理、河湖水域岸线内清障等指标。

水资源保护目标一般包括河湖取水总量控制，饮用水水源地水质、水功能区监管，排污总量控制、用水效率提高以及节水技术应用等指标。

水生态修复目标一般包括河湖连通性、主要控制断面生态基流、重要生态区域（源头区、水源涵养区、生态敏感区）保护，重要水生生境保护，重点水土流失区监督整治等指标。有条件地区可增加河湖清淤疏浚、建立生态补偿机制、水生生物资源养护等指标。

4.1.2.5　治理保护任务与措施

根据现场调查发现的问题，围绕水污染防治、水环境治理、水域岸线管理保护、水资源保护、水生态修复、执法监管六大方面的任务，提出相对应的治理措施。

1. 水污染防治

水污染表现在水中，根源在岸上。水污染防治重点为工业、城镇生活、农业农村生活、船舶港口等污染，针对不同的污染源提出相对应的治理措施。

（1）工业污染治理。在查清各类污染企业整治、工业集聚区污染防控、重点污染行业废水处理等方面问题的基础上，针对水污染防治目标，提出整治任务和治理措施。

（2）城镇生活污染防治。围绕加强城镇污水收集能力建设、改善处理设施运行状况、加快配套纳污管网建设和旧管更新、推进雨污分流和排污（水）口排查整治、提升污泥处理技术创新水平和无害化利用效率、加大河道两岸地表100m范围内的污染物入河管控措施等方面，因地制宜设立治理目标并制订实施计划。

（3）农业农村生活污染防治。优化农业生态环境，推广测土配方施肥、病

虫草害绿色防控、畜禽和水产健康养殖等标准、规范和技术。推广农艺节水保墒技术和通滴灌机械示范，实施保护性耕作。

重点围绕畜禽养殖污染防治、农业面源污染治理、水产养殖污染防治、农村环境综合整治四方面问题，提出涉及水污染防治方面的整治任务和治理措施。

（4）船舶港口污染控制。针对老旧船舶更新、港口污染管控、河道泥浆运输管理等内容，提出涉及水污染防治方面的整治任务和治理措施。

2. 水环境治理

水环境治理主要是入河排污（水）口监管、水系连通工程及清淤保洁管理等。

（1）入河排污（水）口监管。严格实施入河排污（水）口身份证式管理，2017 年年底前全面完成整治任务。切实加强入河排污（水）口的日常监管，严格入河排污（水）口审核登记，对未依法办理审核手续的，提出限期补办手续要求，对依法依规设置的入河排污（水）口进行登记，并公布名单信息，同时对排污严重的河段建成入河排污口信息管理系统。

（2）水系连通工程。按照"引得进、流得动、排得出"的要求，逐步恢复水体自然连通性，通过增加闸泵配套设施，打通"断头河"，整体推进区域干支流、大小微水体系统治理，增强水体流动性。

（3）清淤保洁。通俗的说法就是河湖的清洁卫生工作。提出河道保洁的机制，制定河道清淤制度。制定分年度清淤方案，明确清淤范围、清淤方量、清淤时间、清淤方式、处置方法、处置地点等，实现淤泥"无害化、减量化、资源化"处置，探索建立清淤轮疏长效机制。

3. 水域岸线管理保护

严格水域岸线等水生态空间管控，依法划定河湖管理范围。落实规划岸线分区管理要求，强化岸线保护和节约集约利用。严禁以各种名义侵占河道、围垦湖泊、非法采砂，对岸线乱占滥用、多占少用、占而不用等突出问题开展清理整治，恢复河湖水域岸线生态功能。

重点围绕河湖水域空间管控、河湖水域岸线保护及推行水利工程管理标准化等提出相应措施。

（1）河湖水域空间管控。加强河湖水域空间管控，依法划定河道管理范围和水利工程管理与保护范围，并设立界桩等保护标志，明确管理界线，严格涉

河 (湖) 活动的社会管理。

（2）河湖水域岸线保护。统筹水利、环保、国土、规划、港航等各部门的力量，开展省市级河道及城市规划区域重要县级河道的岸线保护利用规划编制工作，科学划分岸线功能区，严格河湖生态空间管控。

（3）水利工程管理标准化。大力推进河湖及沿河堤防、水闸、泵站等水利工程管理标准化创建工作。

4. 水资源保护

落实最严格的水资源管理制度，严守用水总量控制、用水效率控制、水功能区限制纳污"三条红线"，坚持以水定需、量水而行、因水制宜，根据当地水资源条件和防洪要求，科学编制经济社会发展规划和城市总体规划，合理确定重大建设项目布局。实行水资源消耗总量和强度双控行动，健全万元地区生产总值水耗指标、农业灌溉水利用系数等用水效率评估体系。

水资源保护重点围绕水功能区监督管理、饮用水水源保护和取用水管理等提出具体措施。

（1）水功能区监督管理。加强水环境功能区水质监测和水质达标考核。从严核定水域纳污能力，严守水功能区纳污红线。确定水质监控断面，提出监控断面水质目标。

（2）饮用水水源保护。对不满足饮用水水质要求的集中式饮用水水源地或者农村饮用水水源地的河道，实施污染源治理、生态修复等综合措施，加强农村饮用水水源保护和水质监测能力建设。

（3）取用水管理。坚持节水优先，建立健全节约用水机制。严格河湖取水、用水和排水全过程管理，控制取水总量，维持河湖生态用水和合理水位。

5. 水生态修复

推进河湖生态修复和保护，禁止侵占自然河湖、湿地等水源涵养空间。在规划的基础上稳步实施退田还湖还湿、退渔还湖，加强水生生物资源养护，提高水生生物多样性。开展河湖健康评估。强化山水林田湖系统治理，加大江河源头区、水源涵养区、生态敏感区保护力度。积极推进建立生态保护补偿机制，加强水土流失预防监督和综合整治，建设生态清洁型小流域，维护河湖生态环境。

重点围绕生态河道建设、生态流量保障和水土流失治理等方面提出对应措施。

（1）生态河道建设。实施生态河道、闸坝改造，生态堤改造，河道景观绿道建设等工程，有条件的河道积极创建以河湖或水利工程为依托的水利风景区。

（2）生态流量保障。完善水量调度方案，合理安排闸坝下泄水量和泄流时段，维持河湖基本生态用水需求，重点保障枯水期河道生态基流。

（3）水土流失治理。针对水土流失严重区域，提出封育治理、坡耕地治理、沟壑治理以及水土保持林种植等综合治理措施，开展生态清洁型小流域建设。

6. 执法监管

打击河湖管理范围内涉河违法行为，清理整治非法排污、设障、捕捞、养殖、采砂、围垦、侵占水域岸线等违法活动；建立河道日常监管巡查制度，实行河道动态监管。

4.1.2.6　实施安排

提出具有针对性、可操作性的实施安排，明确各项措施的牵头单位和配合部门，落实管理保护责任，制定问题清单、目标清单、任务清单和责任清单，明确时间表和线路图。河湖管理任务清单见表 4-4。河湖管理责任清单见表 4-5。

表 4-4　　　　　　　　　　　河 湖 管 理 任 务 清 单

任务类型	总任务	阶段目标				具体任务			责任部门	备注
		指标项	指标值			第 1 年	第 2 年	第 N 年		
			第 1 年	第 2 年	第 N 年					
水污染防治										
水环境治理										
水域岸线管理保护										
水资源保护										
水生态修复										
执法监管										

表 4 - 5　　　　　　　　河 湖 管 理 责 任 清 单

责任类别	责任内容	责任分工						备注
		牵头部门		配合部门		监管部门		
		名称	事项	名称	事项	名称	事项	
水污染防治								
水环境治理								
水域岸线管理保护								
水资源保护								
水生态修复								

4.1.2.7　保障措施

明确各级河长和各相关部门职责，提出组织保障、制度保障、经费保障、队伍保障、机制保障、监督保障等方面的保障措施。

1. 组织保障

各级河长负责方案实施的组织领导，河长制办公室负责具体组织、协调、分办、督办等工作。要明确各项任务和措施实施的具体责任单位和责任人，落实监督主体和责任人。

2. 制度保障

建立健全推行河长制各项制度，主要包括河长会议制度、信息共享制度、信息报送制度、工作督察制度、考核问责和激励制度、验收制度等。

3. 经费保障

根据方案实施的主要任务和措施，估算经费需求，说明资金筹措渠道。加大财政资金投入力度，积极吸引社会资本参与河湖水污染防治、水环境治理、水生态修复等任务，建立长效、稳定的经费保障机制。

4. 队伍保障

健全河湖管理保护机构，加强河湖管护队伍能力建设。推动政府购买社会服务，吸引社会力量参与河湖管理保护工作，鼓励设立企业河长、民间河长、河长监督员、河道志愿者、巾帼护水岗等。

5. 机制保障

结合全面推行河长制的需要，从提升河湖管理保护效率、落实方案实施各项要求等方面出发，加强河湖管理保护的沟通协调机制、综合执法机制、督察督导机制、考核问责机制、激励机制等机制建设。

6. 监督保障

加强同级党委政府督察督导、人大政协监督、上级河长对下级河长的指导监督；运用现代化信息技术手段，拓展、畅通监督渠道，主动接受社会监督，提升监督管理效率。

4.1.3　文本结构

4.1.3.1　综合说明

1. 编制依据

编制依据包括法律法规、政策文件、工作方案、相关规划、技术标准等。

2. 编制对象

编制对象需要说明河湖名称、位置、范围等。其中以整条河流（湖泊）为编制对象的，应简要说明河流（湖泊）名称、地理位置、所属水系（或上级流域）、跨行政区域情况等。

以河段为编制对象的，应说明河段所在河流名称、地理位置、所属水系等内容，并明确河段的起止断面位置（可采用经纬度坐标、桩号等）。

编制范围包括入河（湖）支流部分河段的，需要说明该支流河段起止断面位置。

3. 编制主体

编制主体应明确方案编制的组织单位和承担单位。

4. 实施周期

实施周期应明确方案的实施期限。

5. 河长组织体系

河长组织体系包括区域总河长、本级河湖河长和本级河长制办公室设置情况及主要职责等内容。

4.1.3.2 管理保护现状与存在问题

1. 概况

概况概要说明本级河长负责河湖（河段）的自然特征、资源开发利用状况等，重点说明河湖级别、地理位置、流域面积、长度（面积）、流经区域、水功能区划、河湖水质、涉河建筑物和设施等基本情况。

2. 管理保护现状

管理保护现状一方面要说明水污染源、水环境、水域岸线、水资源、水生态等方面保护和开发利用现状；另一方面要说明河湖管理保护体制机制、河湖管理主体、监管主体，日常巡查、占用水域岸线补偿、生态保护补偿、水政执法等制度建设和落实情况，河湖管理队伍、执法队伍能力建设情况等。对于河湖基础资料不足的，可根据方案编制工作需要适当进行补充调查。

水污染源情况一般包括河湖流域内工业、农业种植、畜禽养殖、居民聚集区污水处理设施等情况，水域内航运、水产养殖等情况，河湖水域岸线船舶港口情况等。

水环境现状一般包括河湖水质、水量情况，河湖水功能区水质达标情况，河湖水源地水质达标情况，河湖黑臭水体及劣 V 类水体分布与范围等；河湖水文站点、水质监测断面布设和水质、水量监测频次情况等。

水域岸线管理保护现状一般包括河湖管理范围划界情况，河湖生态空间划定情况，河湖水域岸线保护利用规划及分区管理情况，包括水工程在内的临河（湖）、跨河（湖）、穿河（湖）等涉河建筑物及设施情况，围网养殖、航运、采砂、水上运动、旅游开发等河湖水域岸线利用情况，违法侵占河道、围垦湖泊、非法采砂等乱占滥用河湖水域岸线情况等。

水资源保护利用现状一般包括本地区最严格水资源管理制度落实情况，工业、农业、生活节水情况，河湖提供水源的高耗水项目情况，河湖取排水情况（取排水口数量、取排水口位置、取排水单位、取排水水量、供水对象等），水功能区划及水域纳污容量、限制排污总量情况，入河湖排污口数量、入河湖排污口位置、入河湖排污单位、入河湖排污量情况，河湖水源涵养区和饮用水水源地数量、规模、保护区划情况等。

水生态现状一般包括河道生态基流情况，湖泊生态水位情况，河湖水体流通性情况，河湖水系连通性情况，河流流域内的水土保持情况，河湖水生生物多样性情况，河湖涉及的自然保护区、水源涵养区、江河源头区、生态敏感区的生态保护情况等。

3. 存在问题分析

针对水污染、水环境、水域岸线管理保护、水资源保护、水生态存在的主要问题，分析问题产生的主要原因，提出问题清单。

4.1.3.3 管理保护目标

针对河湖存在的主要问题，依据国家相关规划，结合本地实际和可能达到的预期效果，合理提出"一河（湖）一策"方案实施周期内河湖管理保护的总体目标和年度目标清单。各地可选择、细化、调整下述供参考的总体目标清单。同时，本级河长负责的河湖（河段）管理保护目标要分解至下一级河长负责的河段（湖片），并制定目标任务分解表。

水污染防治目标一般包括入河湖污染物总量控制、河湖污染物减排、入河湖排污口整治与监管、面源与内源污染控制等指标。

水环境治理目标一般包括主要控制断面水质、水功能区水质、黑臭水体治理，废污水收集处理、沿岸垃圾废料处理等指标，有条件地区可增加亲水生态岸线建设、农村水环境治理等指标。

水域岸线管理保护目标通常有河湖管理范围划定、河湖生态空间划定、水域岸线分区管理、河湖水域岸线内清障等指标。

水资源保护目标一般包括河湖取水总量控制、饮用水水源地水质、水功能区监管和限制排污总量控制、提高用水效率、节水技术应用等指标。

水生态修复目标一般包括河湖连通性、主要控制断面生态基流、重要生态区域（源头区、水源涵养区、生态敏感区）保护、重要水生生境保护、重点水土流失区监督整治等指标。有条件地区可增加河湖清淤疏浚、建立生态补偿机制、水生生物资源养护等指标。

4.1.3.4　管理保护任务

针对河湖管理保护存在的主要问题和实施周期内的管理保护目标，因地制宜提出"一河（湖）一策"方案的管理保护任务，制定任务清单。管理保护任务既不要无限扩大，也不能有所偏废，要因地制宜、统筹兼顾，突出解决重点问题、焦点问题。参考任务清单如下：

水污染防治任务：开展入河湖污染源排查与治理，优化调整入河湖排污口布局，开展入河排污口规范化建设，综合防治面源与内源污染，加强入河湖排污口监测监控，开展水污染防治成效考核等。

水环境治理任务：推进饮用水水源地达标建设，清理整治饮用水水源保护区内违法建筑和排污口，治理城市河湖黑臭水体，推动农村水环境综合治理等。

水域岸线管理保护任务：划定河湖管理范围和生态空间，开展河湖岸线分区管理保护和节约集约利用，建立健全河湖岸线管控制度，对突出问题排查清理与专项整治等。

水资源保护任务：落实最严格水资源管理制度，加强节约用水宣传，推广应用节水技术，加强河湖取用水总量与效率控制，加强水功能区监督管理，全面划定水功能区，明确水域纳污能力和限制排污总量，加强入河湖排污口监管，严格入河湖排污总量控制等。

水生态修复任务：开展城市河湖清淤疏浚，提高河湖水系连通性；实施退渔还湖、退田还湖还湿；开展水源涵养区和生态敏感区保护，保护水生生物生境；加强水土流失预防和治理，开展生态清洁型小流域治理，探索生态保护补偿机制等。

执法监管任务：建立健全部门联合执法机制，落实执法责任主体，加强执法队伍与装备建设，开展日常巡查和动态监管，打击涉河涉湖违法行为等。

4.1.3.5　管理保护措施

根据河湖管理保护目标任务，提出具有针对性、可操作性的具体措施，明确各项措施的牵头单位和配合部门，落实管理保护责任，制定措施清单和责任清单。

参考措施清单如下：

水污染防治措施。加强入河湖排污口监测和整治，加大直排偷排行为处罚力度，督促工业企业全面实现废污水处理，有条件地区可开展河湖沿岸工业、生活污水的截污纳管系统建设、改造和污水集中处理，开展河湖污泥清理等。大力发展绿色产业，积极推广生态农业、有机农业、生态养殖，减少面源和内源污染，有条件地区可开展畜禽养殖废污水、沿河湖村镇污水集中处理等。

水环境治理措施。清理整治水源地保护区内排污口、污染源和违法违规建筑物，设置饮用水水源地隔离防护设施、警示牌和标识牌；全面实现城市工业生活垃圾集中处理，推进城市雨污分流和污水集中处理，促进城市黑臭水体治理；推动政府购买服务，委托河湖保洁任务，强化水域岸线环境卫生管理，积极吸引社会力量广泛参与河湖水环境保护；加强农村卫生意识宣传，转变生产生活习惯，完善农村生活垃圾集中处理措施等。有条件的地区可建立水环境风险评估及预警预报机制。

水域岸线管理保护措施。已划定河湖管理范围的，严格实行分区管理，落实监管责任；尚未编制水域岸线利用管理规划的河湖，也要按照保护区、保留区、控制利用区和开发利用区分区要求加强管控。加大侵占河道、围垦湖泊、违规临河跨河穿河建筑物和设施、违规水上运动和旅游项目的整治清退力度，加强涉河建设项目审批管理，加大乱占滥用河湖岸线行为的处罚力度；加强河湖采砂监管，严厉打击非法采砂活动。

水资源保护措施。加强规模以上取水口取水量监测监控监管；加强水资源费（税）征收，强化用水激励与约束机制，实行总量控制与定额管理；推广农业、工业和城乡节水技术，推广节水设施器具应用，有条件的地区可开展用水工艺流程节水改造升级、工业废水处理回用技术应用、供水管网更新改造等。已划定水功能区的河湖，落实入河（湖）污染物削减措施，加强排污口设置论证审批管理，强化排污口水质和污染物入河湖监测等；未划定水功能区的河湖，初步确定河湖河段功能定位、纳污总量、排污总量、水质水量监测、排污口监测等内容，明确保护、监管和控制措施等。

水生态修复措施。针对河湖生态基流、生态水位不足，加强水量调度，逐步改善河湖生态；发挥城市经济功能，积极利用社会资本，实施城市河湖清淤疏浚，实现河湖水系连通，改善水生态；加强水生生物资源养护，改善水生生境，提升河湖水生生物多样性；有条件的地区可开展农村河湖清淤，解决河湖自然淤积堵塞问题；加强水土流失监测预防，推进河湖流域内水土流失治理；落实河湖涉及的自然保护区、水源涵养区、江河源头区、生态敏感区的禁止开发利用管控措施等。

4.1.3.6 保障措施

明确各级河（湖）长和各相关部门职责，提出强化组织领导、强化督查考核、强化资金保障、强化技术保障、强化宣传教育等方面的保障措施。

资金保障措施中要明确资金的测算和资金的筹集等措施。

4.2 编制组织

4.2.1 编制主体

"一河（湖）一策"方案由省、市、县级河长制办公室负责组织编制。最高层级河长为省级领导的河湖，由省级河长制办公室负责组织编制；最高层级河长为市级领导的河湖，由市级河长制办公室负责组织编制；最高层级河长为县级及以下领导的河湖，由县级河长制办公室负责组织编制。其中，河长最高层级为乡级的河湖，可根据实际情况采取打捆、片区组合等方式编制。

"一河（湖）一策"方案可采取自上而下、自下而上、上下结合方式进行编制，上级河长确定的目标任务要分级、分段分解至下级河（湖）长。

4.2.2 编制对象

"一河一策"方案以整条河流或河段为单元编制，"一湖一策"原则上以整个湖泊为单元编制。支流"一河一策"方案要与干流方案衔接，河段"一河一策"方案要与整条河流方案衔接，入湖河流"一河一策"方案要与湖泊方案衔接。

4.2.3 编制基础

编制"一河（湖）一策"，在梳理现有相关涉水规划成果的基础上，要先行开展河湖水污染、水环境、水域岸线管理保护、水资源保护、水生态等基本情况调查，开展河湖健康评估，摸清河湖管理保护存在的主要问题及原因，一般可以先行组织编制"一河（湖）一档"，以"一河（湖）一档"作为确定河湖管理保护目标任务和措施的基础。

4.2.4 方案内容

"一河（湖）一策"方案内容包括综合说明、现状分析与存在问题、管理保护目标、管理保护任务、管理保护措施、保障措施等。其中，要重点制定好问题清单、目标清单、任务清单、措施清单和责任清单，明确时间表和路线图。

问题清单针对水污染、水环境、水域岸线管理保护、水资源和水生态等领域，梳理河湖管理保护存在的突出问题及其原因，提出问题清单。

目标清单根据问题清单，结合河湖特点和功能定位，合理确定实施周期内可预期、可实现的河湖管理保护目标。

任务清单根据目标清单，因地制宜地提出河湖管理保护的具体任务。

措施清单根据目标任务清单，细化分阶段实施计划，明确时间节点，提出具有针对性、可操作性的河湖管理保护措施。

责任清单要明晰责任分工，将目标任务落实到责任单位和责任人。

4.2.5 中介机构选择

"一河（湖）一策"方案可以由河长制办公室工作人员编写，但由于"一河（湖）一策"方案是综合性较强的技术文件，也可委托专业的中介机构协助编写完成。

中介机构与河长制办公室的关系是委托和被委托的关系，河长制办公室要明确"一河（湖）一策"方案的编制范围、指导思想及编制要求等，同时要协助中介机构开展编制工作；中介机构要按照国家相关法律、标准及河长制办公室的要求开展编制工作，确保编制质量。

中介机构应具备以下条件：

1. 具有独立承担民事责任的能力

独立承担民事责任，就是以企业法人自己所拥有的财产承担它在民事活动中的债务，以及法定代表人或企业的其他人员在法定代表人委托下所进行的民事活动中给他人造成损害的赔偿责任。"独立"的含义，即任何法人的债务只能由它自己承担，国家、投资者和法人组织内部的成员不对法人的债务负责，因而，企业法人必须拥有必要的财产作为保证。有些非法人企业虽经登记注册取得了营业执照，拥有了合法经营权，但它本身并不具有民事主体资格，其民事责任应由它的主管法人承担。

2. 具有良好的商业信誉和健全的财务会计制度

良好的商业信誉是指中介机构在生产经营活动中始终能做到遵纪守法，诚实守信，有良好的履约业绩，通俗地讲就是用户信得过的企业。健全的财务会计制度，简单地说，是指供应商能够严格执行现行的财务会计管理制度，财务管理制度健全，账务清晰，能够按规定真实、全面地反映企业的生产经营活动。在市场经济条件下，信誉是一个企业的生命，讲信誉、善管理的企业，生命力强，有发展前景，政府应当给予鼓励。

3. 具有履行合同所必需的设备和专业技术能力

履行合同所必需的设备和专业技术能力主要是指编制"一河（湖）一策"方案所需具备的设备、人员及经历。

（1）设备。编制"一河（湖）一策"方案过程中有现场调查的环节，在现场调查中需要地形测量设备，如全站仪、定位设备、无人机航拍设备等，水质分析需要有相应的水质检测设备；在编制过程中需要有电脑、打印机等工作设备等。

（2）技术力量。"一河（湖）一策"方案是综合性的技术文件，涉及水利、环境、农业、管理及造价等专业，因此，中介机构应有这些方面的人才或者人才储备。

（3）经历。"一河（湖）一策"方案不同于常规的规划或设计，是综合性很强的专业技术工作，中介机构应有相应的编制经历，至少要有水利或环境等综合规划的经历。

4. 有依法缴纳税收和社会保障资金的良好记录

依法纳税和缴纳社会保障资金是中介机构应尽义务，是最起码的社会道德要求。一般中介机构应提供企业完税及缴纳社保名单的凭证。

5. 在经营活动中没有重大违法记录

中介机构在以往的经营活动中应没有重大的违法记录，一般需要追溯三年。由中介机构承诺没有重大违法记录，也可以从人民检察院查询中介机构的违法记录。

4.2.6 方案审定

"一河（湖）一策"方案编制完成并获得河长制办公室初步认可后，要组织专家评审会,专家评审会可以有对应的河长或河长制办公室主持,相关职能部门派代表出席,如果涉及技术问题,也可邀请各方面专家,成立专家组。

"一河(湖)一策"方案审查重点主要有:

(1)是否突出重点、统筹兼顾。是否统筹考虑水资源保护、河湖资源保护、水污染防治等需求,是否合理安排治理措施和实施步骤,优先安排效益明显、实施难度较低的治理措施。

(2)是否划清事权、明确责任。是否将治理任务和措施,落实到各个部门和责任人,对总体目标和任务按河段和年度进行分解,制订详细的实施计划,并落实到责任主体。

(3)是否分步实施、注重效益。是否优先实施成效明显、受益面广,对提高河道水质作用明显的治理措施,分年度逐步推进分布范围广、数量大的面上治理项目。

(4)是否制订计划、协调推进。是否制订分年度实施计划和资金投入计划,注意各年度实施的资金平衡和项目均衡,安排好各种类型项目的合理配比,协调推进项目。

编制单位要根据"一河(湖)一策"方案审查会提出的意见进行完善修改,经河长制办公室认可后报同级河长审定。

省级河长制办公室组织编制的"一河(湖)一策"方案应征求流域机构意见。对于市、县级河长制办公室组织编制的"一河(湖)一策"方案,若河湖涉及其他行政区的,应先报共同的上一级河长制办公室审核,统筹协调上下游、左右岸、干支流目标任务。

4.3 实施管理

4.3.1 "一河(湖)一策"方案的修改

如果"一河(湖)一策"方案在实施过程中发现局部无法实施或与实际不符,但并不涉及重大事项、事件的,如目标、任务等,通过特定的程序,可以对"一河(湖)一策"方案进行修改。

1.修改条件

(1)河长调整。因工作需要,现河长职务任免等原因,现河长无法继续履职的。

（2）合理化建议。由于新技术、新工艺、新方法的使用，出现了比原方案更优的措施。但必须注意，提出的合理化建议可能在单项技术上经济合理，同时也应全面考虑，将修改以后所产生的效益（质量、工期、造价）进行综合比较，必要时进行专家认证，权衡轻重后再做出决定。

（3）相关规划的修改或修编。"一河（湖）一策"方案编制往往和相关规划不同步，"一河（湖）一策"方案应随着相关规划调整进行修改。如城市总体规划中的产业布局调整，要增加污水处理厂；流域防洪规划中新建一座水库等。

（4）方案非原则性错误。

2. 修改程序

（1）对于河长调整的修改，可以经河长制办公室直接认可后报同级河长备案。

（2）合理化建议、相关规划调整及方案非原则性错误引起的"一河（湖）一策"方案修改，有条件的进行专家认证后经河长制办公室报同级河长备案。

4.3.2 "一河（湖）一策"方案的修编

由于外围条件的重大变化或经过一段时间的实施后，发现现有的"一河（湖）一策"方案存在重大缺陷，已经无法按照现有方案实施的，必须对现有"一河（湖）一策"方案进行重新编制，称之为修编。

修编程序为：

1. 分析修编的必要性

重点分析现有"一河（湖）一策"方案存在的重大缺陷，分析这些缺陷的原因，如果只是局部需要调整，尽量不要修编。

2. 选择中介机构

中介机构尽量选择现有"一河（湖）一策"方案的编制单位，如果修编的原因是因为编制质量不高的原因，那就必须重新选择，关于中介机构的要求前文已经提及，选择程序按照各地政府采购相关规定。

3. 方案审查

"一河（湖）一策"方案修编完成并获得河长制办公室初步认可后，要组织专家评审会，专家评审会可以有对应的河长或河长制办公室主持，相关职能部

门派代表出席，如果牵涉有技术问题，也可邀请各方面专家，成立专家组。

审查重点除了前文提及的内容外，还要重点把握修编稿方案和现有方案的差异。

4. 方案审定

编制单位要根据"一河（湖）一策"方案审查会提出的意见进行完善修改，经河长制办公室认可后报同级河长审定。

省级河长制办公室组织编制的"一河（湖）一策"方案应征求流域机构意见。对于市、县级河长制办公室组织编制的"一河（湖）一策"方案，若河湖涉及其他行政区的，应先报共同的上一级河长制办公室审核，统筹协调上下游、左右岸、干支流目标任务。

4.3.3 "一河（湖）一策"方案实施的监督

1. 监督体系

监督责任主体为河长，监督实施主体是河长制办公室。

监督对象为"一河（湖）一策"方案责任清单所列的各个部门。

2. 实施情况的监督

实施情况的监督可采用对比法，即实施情况与批准的"一河（湖）一策"方案中的内容逐项进行比较，重点针对任务清单进行比较，年度"一河（湖）一策"实施情况汇总表见表4-6。

表 4-6　　　　　　年度"一河（湖）一策"实施情况汇总表

任务类型	责任部门	总任务	年度任务	实际完成	进展情况	说明
水污染						
水环境						
水域岸线管理保护						
水资源保护						
水生态						

续表

任务类型	责任部门	总任务	年度任务	实际完成	进展情况	说明
执法监管						
其他						

表 4 - 6 中的进展情况主要是年度任务和实际完成工作的比较结果，可填"完成""未完成"或"达到""未达到"等。

3. "一河（湖）一策"方案实施效果评价

优秀的"一河（湖）一策"方案不能仅仅停留在纸面上，方案责任清单所列的各个部门实施后，有必要对实施效果进行评价，以便总结经验，为河湖的长效管护提供技术支撑。这项工作还没有先例可循，本书仅仅提供一个基本思路。

"一河（湖）一策"方案实施效果评价的主要内容包括制定"一河（湖）一策"方案实施效果评价办法、建立评价指标体系及评价工作等。

"一河（湖）一策"方案实施效果评价办法主要内容包括目的意义、指导思想、评价内容、评价组织、评价方法及评价成果使用等。

"一河（湖）一策"方案实施效果评价指标体系应包括一般性指标和具体河（湖）道的"个性指标"。其中，一般性指标包括安全流畅、生态健康、人文彰显、管护高效、人水和谐等，这也是美丽河湖的指标。

第 5 章

美 丽 河 湖 评 估

　　美丽河湖的评估是健康河湖评估的升级版，是对传统的水利、水环境、水生态学以及社会学、环境经济学等学科的综合与交叉，涉及的时空尺度更为广泛、更为复杂。因此，目前在不同尺度上开展经济社会—水沙情势变异—河湖生态响应的耦合关系研究还不充分，美丽河湖的评估工作还处于探索阶段。

5.1　评估组织

　　美丽河湖的评估工作由各级河长制办公室承担，上级河长制办公室指导下级河长制办公室开展评估工作。

　　1. 评估工作的主体

　　美丽河湖评估工作的主体为省、市、县级河长制办公室。最高层级河长为省级领导的河湖，由省级河长制办公室负责组织；最高层级河长为市级领导的河湖，由市级河长制办公室负责组织；最高层级河长为县级及以下领导的河湖，由县级河长制办公室负责组织。

　　2. 评估工作的程序

　　美丽河湖评估工作一般分为自评和复评两个阶段，设计服务的评估一般包含自评一个阶段，认定服务的评估要有自评和复评两个阶段。

　　自评工作由各级河长制办公室负责组织，可委托专业的中介机构实施，但各级河长制办公室要对专家组成员进行审核。

　　复评工作由上级河长制办公室负责组织，也可委托专业的中介机构实施，但河长制办公室要对专家组成员进行审核，为确保客观、公正，河长制办公室

要建立美丽河湖评估专家库。

3. 评估专家组

美丽河湖评估专家组一般由 5～7 人组成，设组长 1 人。美丽河湖评估是多学科的综合性评估，专家组成员应具有较为广泛的代表性，一般应包括水利、环境、生态、人文、管理等方面的专家。

美丽河湖评估专家的要求：

（1）从事相关专业领域工作满 10 年并具有高级专业技术职称或同等专业水平。

（2）遵守国家有关法律、法规和职业道德，服从管理，自觉接受监督，无不良记录。

（3）能够认真、公正、诚实、廉洁地履行职责。

（4）身体健康，能胜任评估工作。年龄原则上不超过 65 岁，因特殊专业需要，经河长制办公室同意后可适当放宽。

4. 美丽河湖评估工作的基础资料

美丽河湖的评估除了现场考察外，还需要以下资料：

（1）河湖沿岸堤防已建标准和根据保护对象确定的建设标准；相关的规划和各种工程建设的批复文件。

（2）防洪应急预案、险工河段抢险预案（如有）等。

（3）河湖沿线水库、水电站等是否制定相关生态水量泄放规定；平原区断头河浜情况；水库、水电站的运行调度方案等。

（4）排污口设置和管理的相关批复和管理文件。

（5）功能区划分相关规定，河湖的水质检测报告。

（6）河湖健康评估报告及相应建设修复措施（如有）。

（7）有关文化古迹保护、水文化展示及文化特色提炼的相关书籍、汇编、图片材料。

（8）"一河一策"成果，年度工作计划及进展情况，河长巡河、述职报告，发现问题及处理问题的有关凭证。

（9）河湖管护机构设置文件、相关制度、经费保障文件、管护记录、物业单位合同、河道保洁长效机制、管护主体职责等佐证材料或文字材料说明。

（10）河湖管理范围划界批复文件，无违建河道创建、四乱问题复核等材料。

（11）群众需求调查表及需求解决情况，满意度调查表的相关材料。

（12）各级正面宣传报道汇总材料等。

5.2 评估标准

美丽是使人看到或感到美好的一切事物；对美丽的理解仁者见仁、智者见智，其定量化的标准研究并不充分，但对河湖在安全流畅、生态健康、文化融入、管护高效、人水和谐等方面接近完美的要求比较一致。

1. 河湖的安全流畅

（1）系统考虑防洪安全。根据有关规划、防洪排涝要求和存在的防洪安全问题，统筹考虑河湖堤岸建设、河湖清淤、阻水建（构）筑物拆除、安全管护设施建设等综合措施，消除河道采砂带来的安全影响，不应简单从高程是否达标角度确定防洪工程措施。

（2）合理建设堤岸工程。从安全、生态和综合功能等方面综合考虑堤岸工程建设。堤线布置充分利用现有道路和高起的地势，尽量增加行洪断面。在满足安全的前提下，堤岸的结构形式尽量自然、生态，建筑材料宜选用多孔隙天然材料，慎用大体量混凝土、灌砌石、浆砌石、土工材料以及未经类似工程验证的新材料等，切忌过度渠化、硬化河道；堤岸断面结构可采取地形重塑等手段形成"隐形堤岸"，对于现状不合理硬化的堤岸宜进行生态化改造或修复。堤岸空间和功能设计应分析综合功能需求，合理结合沿线交通、便民、文化、景观、休闲等设施。不机械套用规划堤线和规划防洪标准。

（3）合理建设堰坝工程。从稳定河势、灌溉引水、改善生态等方面充分论证堰坝工程建设的必要性，注重堰坝下游消能和与堤岸连接处的安全措施，切忌过度筑堰影响防洪安全和河流生态。调查分析现状河流堰坝存在的问题，针对性地提出拆除、降高、改造、加固等措施，注重古堰坝的保护和修复。堰坝形式应与河床自然融合，可融入当地人文风情元素营造"一堰一景"，但切忌模仿抄袭及生搬硬套，应采用低矮宽缓堰坝，蓄水后不破坏现有滩林、滩地，充分考虑鱼类洄游通道，堰体外观不暴露混凝土面板等白化材料。不在山丘区河道上建高堰坝挡水，形成长距离的"景观水面"，不密集建堰造成水面"梯级衔接"，不在河道束窄等水流、河势以及地质条件不足的河段建堰。

2. 河湖的生态健康

（1）加强河湖生态调查。在河湖治理设计前对河湖常年水质变化、常年水量情况、空间形态以及植物、水生动物种类和生存繁衍环境等情况进行针对性调查，指出具体存在的问题，分析原因并提出初步建议。对重要河湖开展生态健康评估。

（2）修复河湖空间形态。系统考虑河湖空间形态修复，平面上，对直线化、规则化的河湖岸线尽量优化调整；对山丘区河流因采砂等原因留下的深坑、乱滩进行修复整理，营造滩、洲、潭等多样化的生态空间。横向上，修复构建岸、坡、滩、槽形态，相互之间应平顺过渡。纵向上，对严重阻隔鱼类洄游、影响生态的拦河建筑物应统筹考虑其功能尽量予以拆除或生态化改造。河湖空间形态修复不应影响行洪安全和结构安全。

（3）保证河湖生态性水量。全河段分析生态性水量问题，确保河湖生态健康。对于因拦河建筑物、引水式水电站等造成生态性水量不足的河道要提出生态性水量泄放要求，新建拦河建筑物不得造成下游河道脱水。对于因采砂等造成河床蓄水能力减退或消失的河段，采用修建低堰的措施。采取引配水、沟通断头河、拓宽卡口、清淤等措施改善水体流动性。河湖治理后的河段不应再有断流和生态性水量不足等问题。

（4）采取合理的植物措施。结合岸坡稳定、生态修复和自然景观要求采取植物措施，构建河岸带缓冲区，宜林地段应结合堤岸防护营造防护林带，平原水系、山区河滨带和洲滩、湿地优先选择具有净化水体作用的水生植物、低杆植物，湖泊植物配置宜营造湿地景观。城镇区、村庄、田野等不同河段营造不同的植物景观风貌，应注意四季色彩变化，一条河一个或多个植物主题。充分考虑养护成本，乡村河段不配置名贵树种、大草坪等，城镇河段亦需体现自然野趣。植物措施在充分调查分析行洪影响、洪水冲刷浸没情况等基础上合理配置，不应影响行洪安全。

（5）科学清淤疏浚。河湖沉积底泥是重要的污染源，也是水生态环境的有机组成部分，科学分析、合理确定清淤方式和清淤规模，避免清淤过度。山丘区河流不宜大规模清淤疏浚，确有必要的须进行防洪安全和生态影响分析论证，杜绝借清淤疏浚盗采河道砂石资源。清淤前进行淤泥的勘察、测量和检测，重点排查重污染行业，确定污染源的污染物类型、污染状况和污染来源。原则上清淤安排在非汛期施工，严格控制清淤范围，山丘区河道施工顺序应遵循先上游、再下游，先支流、再干流原则，平原区河道应考虑集中连片水网整体清淤。底泥处置遵循"无害化、减量化、资源化"的原则，根据底泥的物理、化学和生物特性，确定底泥的处置方式。

3. 河湖的文化融入

（1）开展河湖文化专项调查。河湖文化挖掘和文化设施建设是美丽河湖建设的重要内容，是体现河湖内在美的必要条件，可从以下四个方面进行考察：①古河流工程和古治水人、治水故事；②当代现代河流特色工程、治水事迹；③河流腹地的流域文化；④特色创新类文化。

（2）保护传承展示古代水文化。对古桥、古堰、古渡口、古闸、古堤、古河道、古塘、古井、古水庙等古水利工程以及古代治水人物、故事、诗词文章进行挖掘整理，对现存的古迹进行保护、修复和文化设施建设，对已经不存在的重点古工程，进行文化艺术性展示。

（3）彰显当代现代治水成效和治水精神。对当代现代河流上的特色水利工程的基本情况、成效以及建设人物、故事等进行文化艺术性展示。在河流廊道与其腹地交通交汇点上，设置流域、区域特色文化的导引设施，既作为旅游交通导引，又丰富了河流廊道的文化元素，为全域旅游提供水文化支撑。

（4）特色创新类文化。根据规划或概念方案确定河湖特色定位，打造有文化记忆、诗情画意、休闲野趣、浪漫情怀、健康生态等主题的河湖特色。

（5）文化设施策划与展示。文化设施形式可为石、碑、亭、廊、墙、牌、馆、像等，内容可为物、字、图、文、影等，需要选择合理的位置、形式、内容进行展示，并且符合美观性、易读性和耐久性要求。

4. 河湖的管护高效

（1）完善的监测、监控设施。山丘区中小流域内镇区防洪控制断面设置水位、流量监测设施。平原河道内镇区防洪控制断面、重要圩区、重要水利工程等处设置水位监测设施。在水位流量监测点、管理房、水闸、泵站、重要堰坝、险工险段等河湖重要位置布设必要的视频监控设施。监测、监控设施能够自动采集、长期自记、自动传输、统一汇聚共享。监测、监控设施按照流域区域整体考虑，与河湖治理工程同步设计、同步施工、同步投入使用。

（2）完善的管护标识标牌。建立涵盖安全警示、河湖长制、工程特性、建设情况、水情宣传、交通指示、文化标示等标识标牌系统，并且结合各地特色，做到美观、耐用。河湖定界设施采用连续低矮的物理隔断、界桩等措施将河湖划界成果落地。

（3）合理地设置管护用房。管理用房功能多样化，遵循节能、绿色、环保等原则，与河长制管理要求、水情教育、水文化展示、便民、全域旅游、休闲驿站等配套设施相结合，外形美观、功能多样、经济实用。

（4）保持防汛管护道路畅通。在现有防汛道路的基础上，结合新建堤岸道路、乡村道路等贯通防汛抢险道路，满足河流巡查管护等需要，同时尽量兼顾沿河沿湖两岸居民生产生活的需求。

5. 河湖的人水和谐

（1）合理的滨水滨岸慢行道。慢行道利用堤岸进行布设，堤岸顶慢行道结合防汛道路布置，堤岸脚部慢行道结合防冲功能布置，考虑行人的安全与舒适度。路面材料结合功能需要进行选择，乡野段道路选择自然生态材料。河道管理范围内的慢行道应与当地整体自然环境协调，不千篇一律按照绿道设计规范设计，不大量采用彩色路面，人迹罕至、山体侧河段和鸟类等动物栖息地不宜设置慢行道，宽度较窄的河流不在两侧设置慢行道。

（2）合理的滨水滨岸小公园。在重要节点处结合需求在居民集居区域或结合古桥、古堰、古树、古村落等布置滨水滨岸小公园，适当考虑居民休闲、健身、文化交流、观赏等综合功能。滩地公园设施不得影响河道行洪安全，岸上公园与市政公园共建共管时不得影响河道管理功能。

（3）合理的布置亲水便民配套设施。在居民较集中的位置结合浣洗、取水、驳船等功能布置相应的河埠头、小码头、垂钓点等设施；在人流量比较集中的位置设置遮阳避雨设施。在重要节点上考虑照明、公厕等公共基础设施等。

5.3 评估指标

5.3.1 指标体系

美丽河湖指标包括安全流畅、生态健康、文化融入、管护高效、人水和谐等 5 个一级指标，一级指标又包含了 24 个基本指标和 8 个备选指标，指标体系见表 5-1。

表 5-1　　　　　　　　　　　美丽河湖评估指标体系表

一级指标	二级指标	主 要 观 察 点	权重	指标类别
安全流畅	堤岸安全	堤防安全情况是否良好，堤岸是否存在坍塌现象	0.08	基本指标
	涉水构筑	涉水构筑物和设施是否完好，是否对防洪排涝安全造成不利影响。本年度内重要水利设施是否发生过重大水毁事故	0.08	基本指标
	河湖畅通	是否存在不符合规划断面要求的卡口段，是否存在明显淤积或阻碍行洪、影响河湖流畅的设施，2018 年以来是否存在不合理的缩窄填埋河道、裁弯取直等现象	0.08	基本指标
	防汛抢险	重要河段防汛管理道路是否畅通（也可就近结合市政道路、乡村道路等贯通），如有险工河段，其抢险预案应完善可行	0.03	基本指标
	新增水域	2018 年以来是否有通过退堤还河、新增水域、打通断头河等形式提升河湖行洪排涝能力的行为	0.02	备选指标
生态健康	水质状况	河湖水体水质感官是否良好，是否有异味，是否有水葫芦、蓝藻等规模性爆发，供水水源是否有水质季节性超标。本年度是否发生过重大环境污染事故	0.06	基本指标
	生态水量	山丘区河流是否存在因人为因素造成的脱水河段，水电站、堰坝是否设有泄放生态水量设施并按相关规定泄放生态水量；平原河网水系是否连通，断头河浜情况是否严重	0.05	基本指标
	排口规范	河湖区域污水零直排创建是否全面开展；入河湖排放口是否存在污水直排、偷排、漏排（如雨水排放口晴天出水），入河湖雨水口是否存在初雨期污染，是否存在未按审批要求乱取水现象；河湖排水口、取水口设置是否规范	0.05	基本指标
	生态保护	河湖管理范围内滩地、湿地是否保护完好，原生乔木是否得以保留，原有滩林、河湖断面是否形态丰富、自然，滨岸带植物是否覆盖完好、搭配合理，乡村河湖是否存在过度市政园林化、引种外来物种造成生态失衡等情况，生物是否多样健康。是否有效遏制非法捕鱼、电鱼等现象，是否存在季节性死鱼等现象	0.06	基本指标
	生物友好	护岸护坡及水面是否平顺衔接，水岸生物链是否阻断，护岸是否过度。堰坝是否阻断生物连通性，是否存在密集建堰形成水面"梯级衔接"。水工建筑材料、砌筑工法等在安全基础上是否符合生态性要求，清淤疏浚是否科学合理	0.05	基本指标
	河湖水质	河湖水体环境质量是否符合功能区标准	−0.1	备选指标
	水质达标	河湖水质较水功能区标准要求高 1 个类别及以上	0.01	备选指标
	河湖形态	在河流平面、纵向、横向上实施平面形态修复、改善鱼类洄游条件、改善两栖动物生存空间等措施。严格控制城市和农业面源污染等措施	0.01	备选指标
	健康评估	健康评估	0.01	备选指标

一级指标	二级指标	主 要 观 察 点	权重	指标类别
文化融入	环境协调	河湖景观是否优美，是否与周边环境协调融合。人工景观是否确有需要、不造作且符合河湖实际及安全性、美观性、经济性要求	0.03	基本指标
	保护古迹	河湖及其沿岸历史文化古迹（古桥、古堰、古码头、古闸、古堤、古河道、古塘、古井、古建筑等）的保护和利用状况是否良好	0.03	基本指标
	文化展示	河湖水工程文化、治水文化通过水文化相关活动或利用已有的堤、堰、桥、闸等载体进行展示的形式、内容和效果是否良好	0.03	基本指标
	特色文化	结合河湖地域特色定位的创造类特色、文化的挖掘提炼情况，包括新时代思想、当地人文历史、自然资源禀赋、科普教育等是否合理展示	0.03	基本指标
管护高效	河（湖）长制	河（湖）长履职是否到位，协调作用是否有效。"一河（湖）一策"是否已按相关规定编制文件，并具有可操作性和实效性。河（湖）长牌信息更新是否及时、电话是否畅通；发现问题是否及时有效处理等	0.04	基本指标
	管护机构	河湖管护机构（或责任主体）制度是否健全、职责是否明确、经费是否保障、管护是否到位，责任主体及其职责是否明确	0.02	基本指标
	长效管护	管理用房、巡查管护通道、防汛抢险和维护物资堆放管理场所、标识标牌及其他管护设施是否齐备。水文水质监测、视频监控设施是否满足管理需要。是否积极推进河湖工程管理标准化创建	0.03	基本指标
	无"四乱"	是否完成河湖管理范围划界。河湖管理范围内是否存在四乱现象。无违建河道创建任务是否完成。是否建立健全河湖保洁等长效机制并落实到位。河湖水面及岸坡是否有废弃物、漂浮物（垃圾、油污、规模性水葫芦、蓝藻等）。沿河定界设施是否完整	0.05	基本指标
	无违法	本年度是否发生过典型涉水违法事件	−0.1	备选指标
人水和谐	亲水便民	饮用水水源地是否达标创建，农田供水是否有效保障。河湖沿线村庄、城镇内水系与评价河湖的连通性是否良好。河埠头、堰坝、便桥、平台等亲水设施设置是否合理、美观、实用、协调	0.03	基本指标
	滨水绿道	滨水绿道布置是否合理，对河湖安全和巡查管护是否有利，对鸟类等动物栖息地是否存在过度干扰，建筑材料是否环保，结构形式和颜色与周围环境是否协调	0.03	基本指标
	滨水公园	滨水小公园设置是否合理，是否融合了休闲、河湖文化展示、河湖管护等综合功能，是否与周围环境相协调	0.03	基本指标

续表

一级指标	二级指标	主　要　观　察　点	权重	指标类别
人水和谐	安全警示	对于有可能造成人员伤害的危险源，是否在重要位置和人群活动密集区，设置警示标志、标识和安全设施	0.02	基本指标
	全域治理	河湖治理是否只是样板治理、片段治理，是否统筹谋划、推进系统治理	0.03	基本指标
	公众参与	在美丽河湖建设全过程中，尤其是亲水便民设施布置方案确定和建设过程中须问需于民、问计于民，开展群众需求调查并落实相应举措	0.04	基本指标
	群众满意	开展美丽河湖满意度调查，调查范围要基本涵盖河湖沿线居民集聚点	0.02	基本指标
	乡村振兴	乡村振兴	0.02	备选指标
	宣传报道	宣传报道	0.03	备选指标

美丽河湖根据评估指标综合赋分确定，采用百分制，综合赋分超过 90 分可以确定为美丽河湖。

5.3.2　安全流畅

安全流畅包括 4 个二级基本指标和 1 个备选指标。

1. 堤岸安全

堤岸安全主要评估堤防整体防洪能力是否达到设计标准，结构安全是否存在明显问题，有无影响堤防结构安全的明显缺陷等。

自然岸坡主要评估岸坡侵蚀现状及发展趋势，主要要素包括岸坡倾角、河岸高度、基质特征、岸坡植被覆度、坡脚冲刷强度等。河岸稳定评估要素如图 5-1 所示。

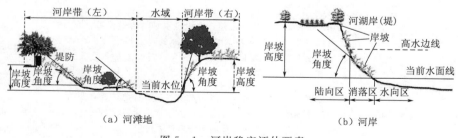

图 5-1　河岸稳定评估要素

整体防洪能力要从规划要求、实际情况综合评估，不应过分着眼不影响整体防洪能力的局部缺陷。

稳定的河岸如图 5-2 所示。人工河岸坡度平缓，常水位下采用圬工结构，既稳定又生态 [图 5-2 (a)]。自然河岸保持天然状态，河势稳定 [图 5-2 (b)]。

(a) 人工河岸 (b) 自然河岸

图 5-2　稳定的河岸

2. 涉水构筑

涉水构筑主要评估涉河构筑物的完好程度及其安全性，构筑物安全应包括自身安全、行洪安全和功能安全，如堰坝是否影响行洪、桥梁是否影响通行等。

涉河构筑物在满足完好、安全的前提下，还需要综合评估外观及其与环境的协调性。安全美观的涉河构筑物如图 5-3 所示。

3. 河湖畅通

河湖畅通主要评估河流行洪排涝的通畅性，是否达到了相关规划要求，是否存在明显阻水建筑物、构筑物和淤塞，是否存在不合理改变河势的行为。

在流域防洪规划中一般都会对最小堤距进行规定，如果过水断面小于规划的断面，就达不到规划的行洪排涝要求。在现状的河道中，有的还没有退堤，达不到规划要求，有的河道存在不合理的缩窄填埋、裁弯取直等现象，有的被人为侵占，有的因疏于管理存在明显淤积，有的在行洪断面内种植高秆作物等。

4. 防汛抢险

防汛抢险主要评估防汛保障能力，防汛保障能力有多方面的内容，重点评估河岸防汛抢险通道的畅通性以及观测、监测设施的完整性。

防汛抢险通道可与道路、绿道结合，尽可能发挥多功能效益。畅通的抢险通道如图 5-4 所示。

171

（a）堰坝　　　　　　　　　　　　（b）桥梁

（c）河埠头　　　　　　　　　　　（d）栈道

图 5-3　安全美观的涉河构筑物

（a）结合道路的抢险通道　　　　　（b）结合绿道的抢险通道

图 5-4　畅通的抢险通道

5. 备选指标

备选指标根据地方实际进行选取，如有的区域整体防洪能力很低，备选指标选择防洪能力的提升较为合适，有的区域人水争地现象较多，备选指标选择水域增加较为合适等。

浙江省选择了增加水域作为备选指标，规定以 2018 年以来通过退堤还河、水域新增、打通断头河等形式提升河湖行洪排涝能力作为评估的备选指标。

5.3.3 生态健康

生态健康包括 5 个二级基本指标。

1. 水质状况

水质状况主要评估河湖水体水质和水面保洁情况。河湖水体水质要结合考虑水功能区的要求,水面保洁的评估主要是直观感受水体的污染物和水面保洁工作的落实。

水质感观如图 5-5 所示。不同水功能区水质的感观区别较大,一般平原区河道的水体透明度较低 [图 5-5 (a)],山丘区河道的水体透明度较高 [图 5-5 (b)]。

(a) 平原区河道的水质状况　　　　　　(b) 山丘区河道的水质状况

图 5-5　水质感观

2. 生态水量

生态水量主要评估山丘区河流生态水量情况或平原区河流连通性情况。对于山丘区河流重点评估水电站、堰坝等挡水建筑物的生态水量泄放设施及其运行情况,针对平原河网重点评估水系的连通性。

为维持水生态,除了自然断流外,山丘区河流要保证一定的生态水量,不能因为经济利益的原因,人为地形成脱水段 [图 5-6 (a)],平原河网本身水动力不足,为改善水质,平原河网应具有一定的流动性,断头河浜会使局部水体成为死水 [图 5-6 (b)]。

3. 排口规范

排口规范主要评估污染物排入河湖的情况,重点评估入河湖排放口的设置及其管理情况,其内容包括排污口、取水口、雨水口等设置的规范性,入河湖雨水口初雨期污染,排污口管理的规范性等。如果存在污水直排、偷排、漏排

（a）山丘区河道的脱水段　　　　　　　　（b）平原河网的断头河浜

图 5-6　河道状况

（如雨水口晴天出水）现象，说明设置或管理存在漏洞。

　　入河湖排放口应该区分雨水口和排污口，雨水口应尽量进行标记
［图 5-7（a）］，排污口要进行身份管理，除了在现场有标记［图 5-7（b）］
外，排污口附近还需要进行公告。

（a）雨水口　　　　　　　　　　　　（b）排污口

图 5-7　入河湖排放口

　　4. 生态保护

　　生态保护主要评估河湖管理范围内滩地、湿地的保护情况，评估河湖管理
范围内滩地上原生乔木、滩林的保护，评估河湖断面形态，评估滨岸带植物分
布和品种搭配，评估生物多样性等。

　　丰富的河湖形态如图 5-8 所示。浅滩、江心洲提供生物良好的栖息地
［图 5-8（a）、（b）］，河流的河湾、浅滩、深潭不但构建了河流丰富的形态，而
且创造了生物良好的栖息地［图 5-8（c）、（d）］。

　　5. 生物友好

　　生物友好主要评估河湖护岸、护坡与水面的衔接，评估水岸生物链的关联，

（a）河道的浅滩

（b）江心洲的综合利用

（c）山区河道的河湾、浅滩、深潭滩林

（d）保留滩林不见堤防

图 5-8　丰富的河湖形态

重点评估人类干预对河湖生态影响的情况，如堰坝对生物活动的影响、建筑材料的生态要求、底泥与生物的关系等。

生物友好的人工干预措施如图 5-9 所示。天然抗冲材料的缓坡入水[图 5-9（a）]，既解决冲刷问题，又不破坏生物的活动。矮胖的生态堰坝[图 5-9（b）]，既能挡水又不影响水生生物的衔接。

（a）抗冲要求的缓坡入水

（b）矮胖的生态堰坝

图 5-9　生物友好的人工干预措施

对堤防硬化比较严重的堤段，可以进行生态化治理和改造，原来的堤防不一定要拆除，可以重点改造堤防与水面的衔接。河道生物修复案例如图 5-10 所示。

（a）防冲功能的堤防　　　　　　　　　（b）生态修复后的堤防

图 5-10　河道生物修复案例

5.3.4　文化融入

文化融入包括 4 个二级基本指标。

1. 环境协调

环境协调主要评估河湖人工的文化景观与河流自然环境、周边环境的总体协调性。

人工景观要根据需要设置，同时兼顾安全性、美观性、经济性等要求。人工景观融入环境如图 5-11 所示。

（a）绿道蜿蜒曲折　　　　　　　　　（b）栏杆仿木融入环境

图 5-11　人工景观融入环境

2. 保护古迹

保护古迹主要评估河湖水文化遗产的本体保护。水文化遗产承载着河湖治水历史、人水和谐共生的故事，但并不是所有的河湖都存在水文化遗产。

水文化遗产以保护为主，对其维修要做到修旧如旧。水文化遗产如图 5-12 所示。

（a）古码头

（b）古海塘

图 5-12　水文化遗产

3. 文化展示

文化展示主要评估河湖水工程文化、治水文化的展示情况。重点评估水文化元素利用已有的堤、堰、桥、闸等载体展示的形式、内容和效果等。

采用雕塑展示水文化是一种比较好的形式。水文化展示如图 5-13 所示。

（a）西施故里

（b）通济堰

图 5-13　水文化展示

4. 特色文化

特色文化主要评估区域文化特色的凝练。重点评估体现特色的水工程或治水文化。

水工程文化可以通过碑刻、工程简介碑等形式进行展示。水工程文化如图 5-14 所示。

5.3.5　管护高效

管护高效包括 4 个二级基本指标。

（a）工程碑刻　　　　　　　　　　　　　　　（b）工程简介

图 5-14　水工程文化

1. 河（湖）长制

河（湖）长制主要评估河（湖）长履职情况，重点评估河（湖）长依规履职，评估"一河（湖）一策"的实施。

河（湖）长制通过公示、公告方式进行规定。河（湖）长制公示公告如图 5-15 所示。

（a）河（湖）长公示牌　　　　　　　　　　　（b）管理公告牌

图 5-15　河（湖）长制公示公告

2. 管护机构

管护机构主要评估河湖管护机构（或责任主体）制度是否健全、职责是否明确、经费是否有保障、管护是否到位，责任主体及其职责是否分工明确。

按照河（湖）长制和河道相关管理要求，通过查阅资料方式进行。

3. 长效管护

长效管护主要评估河湖管理用房，巡查管护通道，水文水质监测、监控设施，防汛抢险和维护物资堆放管理场所，标识标牌及其他管护设施。

管护设施的布局即外形要与环境协调。管护设施如图 5-16 所示。

（a）管理用房

（b）防汛物资堆放场所

（c）水情监测

（d）视频监控

图 5-16　管护设施

4. 无"四乱"

主要评估河湖无"四乱"现象及河湖划界情况。

河湖"四乱"指：乱占、乱采、乱堆、乱建。

乱占主要包括围垦湖泊，未依法经省级以上人民政府批准围垦河道，非法侵占水域、滩地，种植阻碍行洪的林木及高秆作物等问题。

乱采主要包括未经许可在河道管理范围内采砂，不按许可要求采砂，在禁采区、禁采期采砂，未经批准在河道管理范围内取土等问题。

乱堆主要包括在河湖管理范围内乱扔乱堆垃圾，倾倒、填埋、储存、堆放固体废物，弃置、堆放阻碍行洪的物体等问题。

乱建主要包括水域岸线长期占而不用、多占少用、滥占滥用，未经许可和不按许可要求建设涉河项目，河道管理范围内修建阻碍行洪的建筑物、构筑物等问题。

河湖划界工作是指依法划定河湖水域岸线及水利工程管理保护范围、明晰各类水利工程权属。水利工程管理保护范围需经过有管辖权的当地人民政府的批准。

5.3.6　人水和谐

人水和谐包括 7 个二级基本指标。

1. 亲水便民

亲水便民主要评估与河湖直接相关的饮用水水源地保护及水生态、水环境的亲水便民情况，重点评估饮用水水源地的保护，农田供水的有效保障，河湖沿线村庄、城镇内水系连通性等，评估河埠头、堰坝、便桥、平台等亲水设施的设置状态。

亲水便民设施要根据群众的切实需求设置。亲水便民设施如图 5-17 所示。

（a）乡村河道的河埠头　　　　　　　　　　　（b）钉埠

图 5-17　亲水便民设施

2. 滨水绿道

滨水绿道主要评估滨水慢行道状态。滨水慢行道的布置除要方便群众的休闲、娱乐外，同时要兼顾河湖安全和巡查管护，评估对鸟类等动物栖息地的干扰程度，评估建筑材料环保性能，评估结构形式和颜色与周围环境的协调性等。

滨水绿道按需设置，并融入环境。滨水绿道如图 5-18 所示。

3. 滨水公园

滨水公园主要评估滨水公园设置状态。滨水公园要结合河湖水利功能、水利特色，同时要评估对水功能的影响。

（a）景区内的绿道

（b）滨水慢行道

（c）绿道、景观的结合

图 5-18　滨水绿道

乡村、城镇的滨水公园应各具特色。滨水公园如图 5-19 所示。

（a）乡村的滨水公园

（b）城镇的滨水公园

图 5-19　滨水公园

4. 安全警示

安全警示主要评估安全警示、安全设施状态。

安全警示、安全设施等依据必要性设置，同时要融入环境。安全警示设施如图 5-20 所示。

（a）安全警示牌　　　　　　（b）人员密集区的警示及救生设施

图 5-20　安全警示设施

5. 全域治理

全域治理主要评估系统治理程度。

对于山丘区河流，美丽河湖的建设应按照整条河流统筹规划、分段实施；对于平原区可以按照以片区为单元或者以河流为单元统筹规划、分片（段）实施；对于湖泊可以按照以湖泊为单元统筹规划、分步实施。

6. 公众参与

公众参与主要评估河湖管理和建设过程中公众的参与度。

美丽河湖的目标是提高人民群众的幸福感，满足人民群众对幸福生活的需求，因此，公众的参与度直接反映了美丽河湖的水平和层次。

7. 群众满意

群众满意主要评估群众对美丽河湖的满意度。

对美丽河湖的评判，仁者见仁，智者见智，群众的满意度是美丽河湖的重要评判标准。

群众满意度调查表的设计要体现河流及地方特色，调查范围覆盖河流沿线主要居民点，调查人群要有代表性。调查方式可以多种多样，如调查表、网络调查、座谈等。

5.4　金华市梅溪案例

5.4.1　梅溪河道概况

梅溪位于浙江省金华市，地处东经 $119°33'\sim119°42'$，北纬 $28°45'\sim29°03'$ 之间，属钱塘江流域金华江水系武义江的支流，发源于浙江省金华市婺城区箬阳乡平坑顶，自南向北注入安地水库，出库后绕经安地镇向北至雅畈镇西北约 1km 处汇入武义江，梅溪干流全长 53.2km。安地水库以上自然溪宽 $4\sim30m$，河床以卵石为主，岩石裸露，比降较大；安地水库以下溪宽 $50\sim80m$，河床以砂卵石为主，部分河床岩石裸露。

梅溪流域下游西紧接金华市区，东靠婺城区雅畈镇，南临武义县，范围分属箬阳、安地、雅畈、苏孟四个乡镇，梅溪流域面积 $248km^2$。

梅溪流域属亚热带季风气候，冬季以西北吹来的气流为主，夏季主要受海洋气流影响，四季分明，年温适中，热量较优，雨量充沛，干湿两季明显。多年平均气温 $17.3℃$，极端最高气温 $41.5℃$，极端最低气温 $-9.6℃$，多年平均相对湿度 77%，年平均日照在 $1900\sim2130h$ 之间，多年平均风速为 $16m/s$。降水量主要集中在 2—10 月，10—12 月天气晴朗少雨，冬季 12 月至次年 2 月，天气受变形大陆气团的控制，当冷空气南下时，常形成寒潮，天气以晴为主，时有雨雪出现。

梅溪沿岸地层主要为上部砾卵石层，下部基岩。砾卵石为中等～强透水性，力学性质较好，分布整个工程区；基岩为砂岩、凝灰岩，基岩埋藏深度浅，基本为弱风化，苏孟农业生态段堤防有强风化分布，层厚 $0.2\sim1.8m$，基岩为相对隔水层，力学性质好，分布稳定，分布在整个工程区。

老堤填筑料为砾卵石，局部含泥、块石，填筑料不均匀，填筑质量一般。

美丽河湖创建范围为：梅溪干流从安地水库泄洪闸出口至梅溪武义江汇合口，河道总长约 14.3km。

5.4.2　梅溪美丽河道规划设计

5.4.2.1　河道现状

经过历年的河道整治，梅溪美丽河湖创建段河道行洪能力显著提高。但由于梅溪沿岸堤防修建不完整，未全部形成符合设计标准的防洪闭合圈，重点保护区的防洪标准已不能满足社会经济发展的新要求。河道内现有的堰坝、桥梁未进行统一规划，造成部分堰坝、桥梁存在严重的阻水问题，对河道行洪造成不利影响。

　　由于受当时社会经济条件的制约，先前的梅溪河道整治未对梅溪河道进行全面治理，没有建设配套的景观工程，水系周边景观环境较差。由于常年受水流冲刷，局部堤段、堤脚和堤防临水面呈现不同程度的冲刷破坏，同时，部分堤防被人为损毁侵占，部分堤顶道路破损严重，防汛抢险车辆不能通行，部分岸线生硬，渠化明显，生态性较差。梅溪现状图如图 5-21 所示。

图 5-21　梅溪现状图

梅溪流域生态系统现状尚好，存在漫滩湿地基岩跌水、深塘岛屿等众多生境，与水防护林植群落共同构成了鱼类、鸟类等动物的栖息场所。由于水质良好、植被茂盛、生境多样，使得梅溪具有天然的山溪性生态河道特征，但同时也存在诸多问题，如驳岸硬质化较多、生态廊道功能受阻、人为干扰压力增大等，随着城镇化进程的推进，梅溪的生物多样性面临更大的压力。根据生境现状和类型。将河道大致分为以下区段：

（1）上游山溪河道段。本段为典型的山溪河流生态，坡降相对较大，平时水面小而浅，滩地众多，两岸植被茂盛，山体相连，局部形成较大滩地，由于人为干扰少，生物多样性相对较好。

（2）安地镇区段。本段主要为安地居住区，坡降较缓，主要有安地橡胶坝、白竹堰、芦家堰，形成几个较大水面区域，堰坝下由于水量较少，形成大片滩地，两岸驳岸已建挡墙，建筑密集，绿化带较窄，水生生物多样性明显高于陆生生物。

（3）苏孟农业生态段。本段主要为农村郊野河道，坡降较缓，河道两岸已建硬化挡墙，渠化较为严重。现状雅干溪上游由于水量较小多为水网滩地形态，河水较浅，局部形成大片漫滩、草滩，多有芦苇群落生长。有堰坝三座，形成三处较大水面。两岸多为农田，生态环境较好，草灌生长茂盛，生物多样性较高。

（4）苏孟生态景观段。本段主要为农村郊野河道，坡降较缓，两侧大多数区段建成堤防，河道较上游更宽，形态也更丰富多样，由于新河等多条支流汇入，加上铁堰、苏孟橡胶坝、茶堰等堰坝的拥水，形成较大水面，同时也形成了众多的岛屿、浅滩、跌水等，加上两岸林地、山体、湿地等用地，生境多样性较高，景观也较好。由于两侧苗木基地、农居等较多，人为活动频繁，对生物多样性造成了一定的影响，也使得水体呈现富营养化的趋势，两侧垃圾乱扔乱倒也影响了河道的景观效果。

（5）雅畈河口湿地段。本段是典型的喇叭口型河口湿地，河床宽河道窄，呈现大面积草滩和河网水系，靠近河口处形成成片芦苇、芒草群落，生态条件较好。一般河口湿地是生物多样性最高的区域，人为活动较少、滩地众多、植被茂盛，是梅溪较好蓄滞洪区和生物多样性保育区。

5.4.2.2 规划思路及目标

1. 规划思路

以水为脉、以绿为底、以人为本为规划理念，通过美丽河湖建设，使梅溪河道实现安全流畅、生态健康、文化融入、管护高效、人水和谐,谱梅溪乡音,奏梅溪之曲,唱梅溪之事,寄梅溪之情。

2.目标

在安全流畅方面,全面达到 20 年一遇防洪标准。

在生态健康方面,水质达到功能区Ⅱ类水质标准。

在文化融入方面,构建"梅溪十景"。

在管护高效方面,"打造一平台,构建一张图,建设两中心,完成四在线,编制一手册"。

在人水和谐方面,构建"一轴、三区、七景、九堰"。

5.4.2.3　规划主要成果

1.安全流畅

城市防护区根据其重要性、洪水危害程度和防洪区常住人口数量确定防洪标准;乡村防护区根据其人口或耕地面积确定防洪标准;旅游风景区受洪灾威胁的旅游设施,根据其旅游价值、知名度和受淹损失程度确定防洪标准。

梅溪二环桥以下左岸河段,防洪标准为 50 年一遇;梅溪二环桥至梅溪出口段右岸,防洪标准为 5 年一遇;安地橡胶坝以上河段,防洪标准近期按 20 年一遇,远期为 50 年一遇;其他河段,防洪标准为 20 年一遇。

设计河道控制堤距如下:家堰下断面以上至上干溪入口段控制堤距为不小于 59m,雅干溪入口上至芦家堰控制堤距为不于 65m,雅干溪入口下至新渎河入口控制堤距为不小于 70m,新渎河入口下至梅溪武义江汇合段控制堤距为不小于 75m(其中茶堰村局部为 70m,取断面两岸边坡坡度为 1:1)。梅溪控制堤距示意图如图 5-22 所示。

2.生态健康

在生态健康方面的措施主要包括护坡型式和护坡材料的选择,应尽可能地保留滩地、滩林和江心洲。

护坡的选用原则为:

(1)护坡结构应考虑防洪功能和生态景观的结合,在满足安全稳定前提下尽量降低工程造价。

(2)尽量避免结构型式的刚性硬质化,强化护坡型式的视觉"软形感观",为实现总体规划的景观效果创建条件。

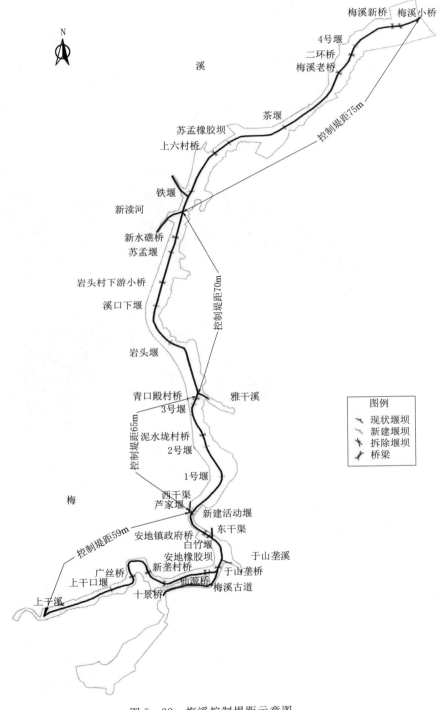

图 5-22 梅溪控制堤距示意图

（3）尽量选择透气的多孔结构构筑物，为生物提供生长繁育空间。

（4）应尽量采用自然的材料，避免二次环境污染。

（5）体现人与自然的和谐关系，充分考虑人们活动的亲水需求。

本工程斜坡式堤防、复合式堤防及景观公园处缓坡堤防游步道至堤顶道路之间均为斜坡式土质，堤防坡面的砌护方式在不同功能区段采用草皮植被护坡、三维植物网护坡、浆砌块石护坡、连锁式水工砌块护坡、绿化混凝土护坡及雷诺护垫护坡等。斜坡式土质堤防护坡材料工程实例照片如图 5-23 所示。

（a）草皮植被护坡工程实例照片

（b）三维植物网护坡工程实例照片

（c）浆砌块石护坡工程实例照片

（d）连锁式水工砌块护坡工程实例照片

（e）绿化混凝土护坡工程实例照片

（f）雷诺护垫护坡工程实例照片

图 5-23　斜坡式土质堤防护坡材料工程实例照片

草皮护坡，简单易行，取材方便，能起到一定的防冲刷作用，是一项投资省、见效快的工程措施，其投资仅是块石护坡的 1/5。通过实践，草皮护坡基本能成为一体，形成铺盖，与坡面接触较好。草皮护坡能较好地防止洪水冲刷，使坡面水流在土体中稳缓下流和外渗，而不带起坡体土粒，起到了很好的防渗作用，适用于水流流速较小的河段。

三维植物网护坡是一种三维柔性材料，铺在坡面上，上面覆耕植土植草，草根扎入边坡，土与植物网缠绕，在边坡表面土中起加筋加固的作用，有效地防止表面土层的滑移，起到抗冲刷的作用。使用三维植物网植草后，绿草成片覆盖，体现"工程与自然协调"的概念，起到美化环境的作用，适用水流流速为 1.0～3.0m/s。

浆砌块石护坡硬化程度高，但抗刷能力强，主要使用在堰坝下游水流极其不稳定的河段。

连锁式水工砌块护坡，是用干硬性细石混凝土经混凝土成型机振动加压制成，具有密实度好、强度高、抗冲击能力强、抗冻性好、抗腐蚀性好、持久耐用、可重复使用等优点。每块水工砌块与周围六块共同连锁啮合固定，有利于保证护坡整体稳定性。在砌块水上部分开孔中种植草皮，掩藏砌块形态，绿化周边环境，由于水下部分开孔可使水体与周边充分交流，净化水体，因此有利于生物繁衍。连锁水工砌块施工方便快捷，不需要大型设备，维护方便、经济，对植物适应性强，绿化效果好，后期养护成本低；另外可以在护坡表面生长出自然植被，大大增加城市的绿化面积，较好地兼顾工程及生态景观等多方面要求，工程完建后景观自然，不破坏自然生态，与环境和谐结合。

绿化混凝土具有保护环境、改善生态条件、保持原有防护的作用。其特点是周边采用高强混凝土保护框并兼作模具，中间填筑无砂混凝土，形成生态型绿化混凝土。绿化混凝土整体性好、结构稳定、抗冲性能优良。

雷诺护垫是指金属网面构成的厚度远小于长度和宽度的垫形工程构件，其中装入块石等填充料后连接成一体，具有柔性强、对地基适应性强的优点，既可防止河岸遭水流、风浪侵袭而破坏，又实现了水体与坡下土体间的自然对流交换功能，达到生态平衡。

在生态湿地建设布局方面，在河道中构建一系列小型的生态湿地是水环境改善和提升的关键措施，小型生态湿地具有水源涵养、蓄滞洪水、水质净化、生物栖息等多种生态功能，是河流的基础生态单元。利用现有河道基底地质宜设置浅滩湿地、支流河口湿地、武义江河口湿地，形式上包括浅湾深潭、芦苇荡、水网湿地、多塘湿地等多种类型，结合梅溪整体水系设置，充分利用堰坝壅水、跌水、多塘等水系形态，构建不同类型生态湿地，重点建设上干溪口、雅干溪口、新渎河口等支流河口湿地，以及下游雅畈段入武义江河口湿地。

在滨水生态系统修复措施方面，滨水生态系统修复主要是从工程建设角度出发，针对现状生态受损较严重的区域，包括过度开发建设区段、河道侵占严重区段、土壤裸露区域等，进行生态修复，恢复原有的生态功能，确保梅溪生态廊道功能、物种保育功能的实现。结合生态格局分析，对即将进行开发建设的市建设区，提出合理有效的预防措施，防止开发过程中对河流生态功能的破坏，严格按照河道生态控制线保护河道空间。在生态控制线划定的基础上，以恢复水生态系统健康、强化河流生态廊道功能为目标，明确滨水区生态保护与修复的措施。生态受损区域平整绿化的生态受损区域包括采砂破坏地、荒地、裸露边坡等，主要位于梅溪中游，由于人为活动密集，对河道地形及周边植被破坏较大。通过对受损区域地形进行平整、重塑，必要时可进行耕植土重覆，进行绿化种植，可以改善滨水空间生态质量。滨水生态系统修复如图 5 - 24 所示。

（a）生态林草带

（b）生态驳岸

（c）滩林、滩地整理

图 5 - 24　滨水生态系统修复

3. 文化融入

在文化融入上，整体以浙江省金华市婺剧的表演特征和演奏旋律为脉络，结合不同河段的水系流态及水流音符，挖掘沿岸文化资源，以典故为引子唱出人们恋乡的内心世界，挖掘不同年龄段的人性情绪，构建了"一曲五弄寄乡音，一岸五链串乡情；六园八水印乡愁，二坝九堰连乡景"的文化融入格局。文化融入布局示意图如图 5-25 所示。

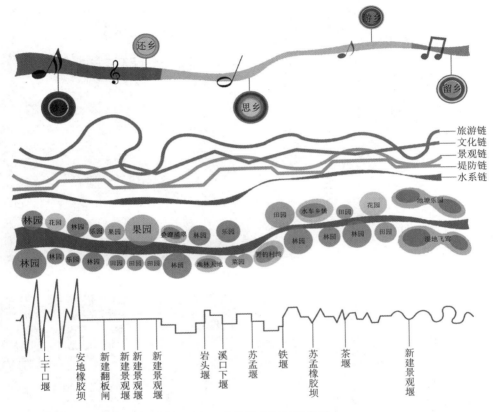

图 5-25　文化融入布局示意图

在节点设计上，展示岩头堰节点的设计成果。

岩头堰节点由廊桥和堰坝共同组成，该处水面较为开阔，西岸还有大面积的水塘，流速较缓，水面天光云影，体现水的静态之美。

设计上以思乡为主题，思乡情如涓涓流淌的溪水，奔流在隔山隔水的岁月里，一路上吹不散这点点情，也隔不断这思乡愁，唯寄一颗相思的心。万物墙上的土壤，是五湖四海游子奋斗拼搏的地方。穿过象征团圆的门，家在眼前。岩头堰节点设计图如图 5-26 所示。

4. 管护高效

（1）工程管理范围和保护范围。工程管理范围包括堤防系统全部工程和设

（a）节点平面图

（b）效果图（白天）

（c）效果图（夜间）

图 5-26　岩头堰节点设计图

施的建筑场地和管理用地，管理范围从安地水库泄洪闸出口至梅溪武义江汇合口，河道总长约 14.3km，沿岸河道两岸基本上控制 30m 的绿化带，局部根据生态景观节点和现状情况进行适当的缩放。在管理范围内征用的土地由水利管理部门使用，建设管理单位应会同土地管理部门埋设界桩。在管理范围边界，应设立明显的标志。

结合工程实际情况，确定工程保护范围为管理范围边线外扩 5m；水闸、堰坝等水工建筑物工程保护范围为管理范围以外 20m 内的地带。

（2）管理营地。工程管理营地设置在铁堰右岸。管理营地内包括行政楼、职工集体宿舍、生产辅助用房等，行政楼内设办公室、接待室、会议室、休息室等，生产辅助用房内设车库、食堂、仓库、职工活动室等，总建筑面积为 1880m²。

（3）信息化系统。以全面监控梅溪流域水利管理对象为目标，开展梅溪流域水利管理监控体系建设，实现智能监控与管理，提升处置沿线重大事件及灾害的应急处置能力。主要包括以下内容：

1）开发梅溪流域视频监控统一管理平台，将梅溪流域全部水利视频监控信息纳入平台，实现智能视频监控；将区域内水位监测点实时水位信息纳入平台，实现各个监测点水位的自动采集、传输、查询及预报警；搭建应急管理平台，利用现有视频监控点广播资源，实现现场各个监控点位异常情况报警，通过广播播报，提升应急处理能力。

2）针对梅溪干流从安地水库泄洪闸出口至梅溪武义江汇合口，河道总长约 14.3km。沿线建设有桥梁、堰坝等基础设施建设智能视频监控点，实现监控区域内所有河段全天候监控。视频监控点共计 24 处，间距约为 500m。重点监控区域为堰闸及桥梁等重要工程设施部位，具体点位根据现场勘察情况设定。所有视频监控点通过光纤连接到后端监控中心，视频资源存储在监控中心。

3）在 12 座堰闸的上游，各建设一套自动化水位监测点设施，实现水位的自动化采集与传输。

4）建设基础设施，包括监测站房（与堰闸、生态景观节点相结合）、网络传输光纤设施、监控中心服务器、存储资源、显示屏及其他设施。

5. 人水和谐

打造以梅溪水生态资源为载体，以"闻乡音、思乡愁"为主题特色，集滨水文化休闲、游憩体验、乡村旅游、休养度假为一体的梅溪人水和谐景象。

在工程建设方面，主要包括服务设施、智慧系统和慢行系统等。

（1）服务设施。以核心功能服务点发散的方式进行公共服务设施系统的布置，进而建立完善的服务机制，形成完善的功能体系。功能服务设计主要包括生态停车场、自行车停车场、管理设施、餐饮设施、洗手间、饮水点、医疗设施等。服务配套设施如图 5-27 所示。

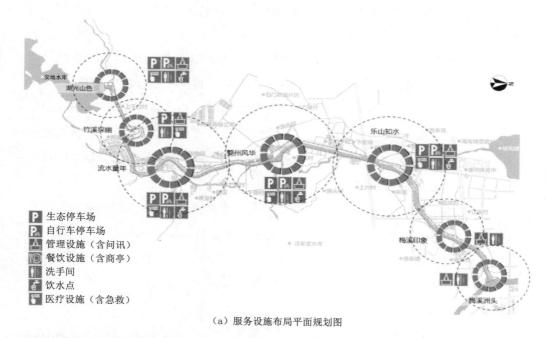

（a）服务设施布局平面规划图

P 生态停车场
P 自行车停车场
🏠 管理设施（含问讯）
🍴 餐饮设施（含商亭）
🚻 洗手间
💧 饮水点
🏥 医疗设施（含急救）

（b）洗手间效果图　　　　　　　　　（c）休闲坐凳

图 5 - 27　服务配套设施

（2）智慧系统。根据场地设计的内涵及定位，布置相应的智慧系统，以便于防汛联系和快速反应，并配合所处位置临近的景观进行相应的内容展示。智慧系统规划示意图如图 5 - 28 所示。

（3）慢行系统。慢行道路利用现状 4m 堤顶路；自行车和行人道路分设；利用金安大道非机动车道作为自行车道，人行道临水而设。

慢行系统设计一级驿站服务半径 2.5km，用地面积 150~300m²，采用木结

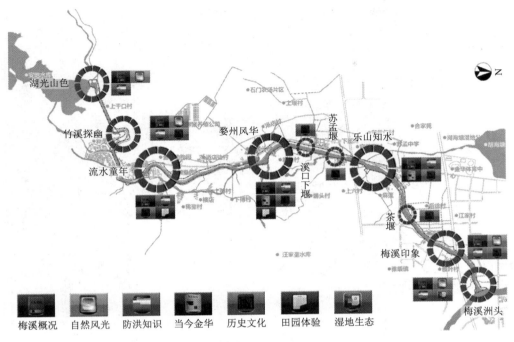

图 5-28 智慧系统规划示意图

构与钢结构相结合的形式，驿站临水而建，满足休憩、问询、导引等需求。主要设施包括自行车租赁点、停车与维修点、厕所、小卖部、健身场地、信息咨询亭、治安点、消防点等。驿站由 $300m^2$ 管理房与自行车停车棚组合而成，长约 13m，宽约 3.3m，高 2.6~3.5m；停车位 21 个。

二级驿站服务半径 0.5~0.8km，用地面积 30~100m^2，提供短暂停留、休憩功能。主要设施包括休息亭廊、自行车停车位、坐凳、垃圾箱、标识标牌等。慢行系统布置示意图如图 5-29 所示。

5.4.3 梅溪美丽河道建成效果

2013 年金华市政府提出要将梅溪打造成"金华最美河流"。2014 年编制完成《金华市区梅溪流域综合治理规划》并经市政府批复通过，2015 年编制完成《梅溪流域综合治理规划和项目可行性研究报告》，2016 年 4 月《金华市区梅溪流域综合治理（干流部分）工程可行性研究报告》经市发展改革委员会批复通过，同年 7 月，通过公开招标确定设计采购施工（engineering procurement construction，EPC）总承包单位，2017 年 1 月，工程开工建设。

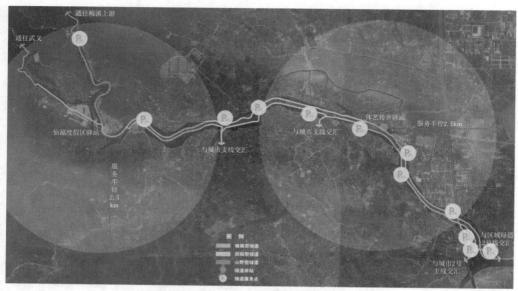

（a）慢行系统平面规划示意图

（b）城镇型绿道（宽度大于4m）

（c）田园型绿道（宽度大于3m）

（d）山野型绿道（宽度大于3m）

图 5-29　慢行系统布置示意图

梅溪美丽河湖项目实施堤防工程 23.6km，新建固定堰坝 1 座、新建水闸 1 座、改建重建堰坝 6 座、新建廊桥 1 座、新建水利博物馆 850 m^2、生态修复 62.1 万 m^2 及沿线管理设施等。

梅溪美丽河湖项目充分利用梅溪独特的自然人文资源，结合沿线地形地貌，重点打造水体两岸适宜性亲水活动空间。按照建设"生态、景观、休闲、旅游"四位一体、蓝绿交织的生态廊道定位，工程布局为"一轴、三区、七景、九堰"的总体架构。现已建成以梅溪为水轴，两岸慢行系统串联的滨河景观带，配套湖光山色、竹溪探幽、流水童年、婺州风华、乐山知水、梅溪印象等七处特色河道生态景观节点，在原堰基础上建设改造上干口堰、新垅堰、芦家堰、岩头堰、溪口下堰、苏孟堰、铁堰、茶堰、雅叶堰等九座形态各异的堰坝；并将周边文化元素和传说故事融入建设，恢复打造文旅景点，同时对梅溪两岸原有堤防进行生态化改造，使得梅溪成为具有山水、田园、诗意境的一条金华城郊最美的生态景观廊道。

1. 安全畅流

通过梅溪美丽河道建设保障了河道周边人民生命财产安全。梅溪干流流经安地镇、苏孟乡、雅畈镇三个乡镇，河道堤防保护人口 5 万余人，农田 10 万余亩（1 亩≈666.67 m^2），治理前梅溪河道内部分堰坝阻碍行洪，局部堤防防洪标准不达标。通过系统性的治理，将堤防标准提高到 20 年一遇，形成防洪闭合圈，有力地保护了区域内的人民生命财产安全。河道堤防进行了大规模的建设和改造，功能和景观都得到了极大的提升。堤防建设前后对比如图 5-30 所示。多功能防洪堤如图 5-31 所示。

堰坝是河道治理的重要水利工程，根据项目的设计理念，堰坝也将建设成为景观节点。堰坝如图 5-32 所示。

2. 生态健康

原有梅溪河道上修建的桥梁、堰坝等基础设施存在布局不合理问题，堤防只考虑单一的防洪作用，而未兼顾生态、景观等方面的要求，在"一轴、三区、七景、九堰"的总布局下，改造后的梅溪通过对植被、堤防的生态化修复，对堰坝进行了梳理、改造，极大地改善了河道水域条件，形成了岸美、水清、休闲、安全的风景线。生态保护与修复如图 5-33 所示。

3. 文化融入

以婺剧为脉络，结合不同河段的水系流态及水流音符，挖掘沿岸文化资源，

（a）马家岭段（建设前）　　　　　　　　（b）马家岭段（建设后）

（c）溪口下段（建设前）　　　　　　　　（d）溪口下段（建设后）

图 5 - 30　堤防建设前后对比

（a）生态、休闲功能结合的防洪堤　　　　　（b）交通、运动功能结合的防洪堤

图 5 - 31　多功能防洪堤

以典故为引子唱出人们恋乡的内心世界。坚持生态优先、注重系统治理，充分尊重自然，坚持保持河道原有自然风貌基本不变，因地制宜改造原有水利工程，

（a）溪口下堰（建设前）　　　　　　（b）溪口下堰（建设后）

（c）茶堰（建设前）　　　　　　（d）茶堰（建设后）

图 5-32　堰坝

展现生态自然的梅溪画卷。

　　充分挖掘两岸历史文化、民间传说，将流域文化融入重要节点设计、定格在梅溪治理的蓝图上。因地制宜打造"梅溪十景"，以当地文化为脉络重点打造特色堰坝，融入了众多极具特色的"金华元素"：如苏孟堰以婺州窑为主题，提取"婺字"造型和窑罐形态营造曲水流觞的漫流景观，如图 5-34（a）所示；铁堰建于 1950 年，堰体砌体（条石）取自金华古城墙，由已故两院院士潘家铮绘施工图，具有深厚的历史文化底蕴，在改造过程中应尽可能保留原来风味，修旧如旧，如图 5-34（b）所示；岩头堰的廊堰结合，展现婺剧水袖的形态，如图 5-34（c）所示；芦家闸寓意着金华舞龙的"双龙戏珠"，如图 5-34（d）所示。

　　其他堰坝也都融入了当地的文化元素，如茶堰形态取自金华茶山的肌理，

（b）生态堰坝

（a）保留滩林、草滩

（c）生态堰坝（缓坡低坝）

图 5-33　生态保护与修复

溪口下堰融入了金华雅畈叠馒头祈福的雅意，上干口堰、新坽堰采用自然节理的山岩风貌等。

4. 管护高效

梅溪治理启动了智慧梅溪项目，建设梅溪智慧化、标准化管理系统。达到了以下的建设目标：①实现了河道实时监测监控，提升了安全应急处置效率；②利用信息化手段实现管理工作的流程化、痕迹化、闭环化等；③实现河道管理和运行状态智慧感知，用更少人开展更智能、更安全、更生态的管理和运维，并借助人工智能技术辅助河道的标准化管理。

智慧梅溪系统包括一套平台、一张基础图、两个中心等。

（1）一套平台。智慧梅溪管理平台，其功能包括河道管理、游览管理，公众可以利用 APP 使用该平台的公众模块。智慧梅溪管理平台如图 5-35 所示。

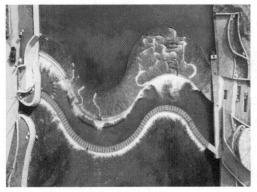

（a）苏孟堰

（b）铁堰

（c）岩头堰

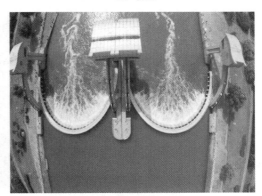

（d）芦家闸

图 5 - 34　堰坝的文化元素

（a）公众使用界面

（b）平台管理界面

图 5 - 35　智慧梅溪管理平台

（2）一张基础图。以公网地图为基础，将感知设备提供的信息融入同一张
梅溪流域底图，并进行标绘和信息聚合。基础图主要内容包括了河道基础信息、

水文信息、水质信息、工程状态信息、预警和应急广播状态信息等。

（3）两个中心。两个中心为数据中心和监控调度中心。数据中心实现对数据的收集、整理、校对、入库、更新，对运行数据和实时数据进行集成，同时完成云环境的搭建、以倾斜摄影技术对河道进行三维展示等。

监控调度中心将各个监控数据实时上传到监控中心，对梅溪流域重点河段、工段、取水口、风景点等地段实现实时监控。

5. 人水和谐

通过对梅溪的治理，充分发挥梅溪的地理优势，沿线根据村镇区位设置了7座主体公园，建设了全线贯通的绿道系统，配备了休闲驿站，布置了运动设施，为市民的郊野运动、休闲娱乐提供了理想场所，改造后梅溪河道将作为天然的景观带呈现，成为金华市人民休闲、运动的天然氧吧和城市后花园。改造后的河道如图5-36所示。

（a）美丽景色 （b）特色建筑

图 5-36 改造后的河道

6. 经济社会效益

梅溪美丽河湖的建设，带动了周边产业空间提升，深化融合了绿色产业。不但实现了河道防洪减灾、创建生态河道的要求，更是金华南部开发带动周边乡村经济发展的具体实践和重要载体。

梅溪的治理产生了长藤结瓜的效应，将沿线的乡镇村落、分散的旅游节点、分块的功能区块有机串联起来，形成合力。通过项目实施，带动沿线美丽乡村建设和农旅产业发展，金华市政府将梅溪沿岸村都列入精品村、秀美村项目，梅溪治理起点安地镇也纳入省级小城镇建设示范镇。同时当地政府大力发展乡村旅游经济、民宿经济，带动村民增收致富，为当地农民从农业向服务业的发展，从乡村农业向现代农业的转型提供有利条件，为周边村民创造更宜居的生活环境和更多潜在利益增长点。

通过梅溪综合治理打通水脉、挖掘文脉、带动金脉，实现从上游到下游洪旱无忧、从山区到城乡全域美丽、从水库到河口山清水秀，带动梅溪两岸经济高质量发展、提升城乡百姓高品质生活，推动水治理能力和治理体系现代化。梅溪是一条集河道、堤防、堰坝、水闸、绿道、公园为一体的水利生态示范线、美丽乡村样板线、生态风景旅游线、休闲养生观光线。

5.4.4　梅溪美丽河道建设经验

梅溪美丽河湖建设经验可总结为：

1. 绘一张蓝图，全过程策划

组建以市长为组长的梅溪流域综合治理工作小组，汇集各专业各部门组织编制《流域治理概念性方案》，明确主题，统一思想，凝聚共识，构筑蓝图。深入分析比选各种设计、施工组织模式，EPC总承包单位能力强。反复推敲修改方案，不断完善调整，确保美好蓝图有效落地。

2. 点线面共推，全流域展示

构架"一轴、三区、十景、九堰"的总体格局，借带状用地的自然地形，营造"起承转合"的文化体验空间。"点"——特色堰坝、主题节点，以及集中展示治水文化的水利博物馆烘托出的高潮空间；"线"——绿道串联起的山林溪涧、乡村田园、城市滨水休闲的连贯舒畅的文化感知空间；"面"——梅溪流域融"水利、生态、景观、休闲、旅游"为一体的探水、知水、悟水的文化长廊。

3. 融多元文化，多样化表达

形式上，与地域文化符号、水利遗产巧妙结合。在堰坝设计中，深入分析和归纳梅溪沿线的民俗文化、婺州文化、古民居文化等文化类型，并对其中典型的文化要素进行提炼和再创作。用生动形象的文化符号将抽象宽泛的文化内涵具象化、形象化。其中，茶堰形态取自金华茶山的肌理，溪口下堰融入金华雅畈叠馒头祈福的雅意，岩头堰展现江南水乡廊堰结合，婺剧水袖的舒展流畅，苏孟堰以"婺"为载体，体现了曲水流觞的意境，芦家闸则以中华传统"二龙戏珠"为造型，取祈福之意……如此通俗易懂的形式不仅巧妙再现了流域的文化积淀和历史记忆，也更容易被大众认同和理解。除此之外，堰坝的设计注重对水利遗产的保护。铁堰水闸建于 1950 年，是新中国第一批中型水闸。堰体砌石取自金华古城墙，在岁月的洗礼下苍劲浑厚。铁堰的改造最大限度地保护了这一水利遗产，并将堰坝的交通功能、景观游憩功能与消力池进行了有机融合，使流动的水体和古朴的堰坝交相辉映，使这一水利遗迹焕发出新的风采。在二次创作的过程中，梅溪堰坝的设计很好地把握了形态、尺度、色彩、材质等细节，使得九曲堰坝各具美感与韵律，其本身就是一件值得欣赏的文化艺术品。

内容上，与特色民俗风情、治水轶事相得益彰。文化符号的背后是生动鲜活的民俗故事，是给人启迪的时代楷模。梅溪沿线正策划以碑石、景墙、地刻、室内展馆、室外展场等多种方式记录和传承这样的优秀文化，并通过"伏虎守慈、魁星点将、神龟镇水"等主题节点的打造，情景再现相关的历史传说。使居民和游客在梅溪河畔有风景可看，有故事可听，有韵味可品，在情景交融之中寄情于景，品读更深远的意境。

空间上，结合河流的自然基底和周边的村镇分布，梅溪沿线着力打造"禅茶一味、雅堂诵经、仙缘深处、竹溪探幽"等 10 个主题景点，以及集中展示治水历程的水利博物馆，充分满足居民和游客的家庭游、亲子游、科普游、禅修游，以及水上运动、休闲骑行、小型马拉松等多年龄的多重需求，真正将滨水资源的潜力和活力发挥到最大。

4. 以参与化体验，唤公众之共鸣

梅溪治理的文化表达以多空间、多载体、多样化相结合的方式，突出文化的可读性、参与性、互动性、体验性，不仅把历史写在了水边，以水脉记录文脉；以寓教于乐的方式深入人心，引人共鸣，以水脉传承文脉；更是通过新时代多样化亲水需求、文化诉求的满足，以水脉延展文脉。

5.5 里水河案例

里水河位于广东省佛山市东北，全长只有 17km。它曾经是当地人民的交通动脉，也曾饱受当地乡镇企业的严重污染。从 2008 年起，南海区里水镇斥巨资对其进行综合整治，让它从人们望而生畏的臭水沟，蜕变成靓丽的水景观和当地百姓的"梦里水乡"，写出了生态水利、民生水利的大文章。从 2016 年起，它又承担起流域综合治理模式试点的重任。里水河的流域治理，也日益成为珠三角地区小流域治理的成功范本。

里水河这条微不足道的小河曾经水流清澈、波光粼粼。在河边的火船码头乘坐客轮前往广州，沿途饱览水乡风情，也是许多里水人最美的记忆。然而，随着经济发展，陆路运输取代水运，1996 年，里水河的航班停运，曾经热闹非凡的里水河日渐萧条，河边的乡镇企业却如雨后春笋般发展起来。据统计，在仅仅 66km² 的里水河流域内，密密麻麻地分布着 17 个村级工业园，民营企业超过 2000 家，它们在繁荣市场经济的同时，也将大量未经处理的污水排入里水河内，造成严重污染。佛山市和南海区都曾经对里水河水质进行过多次治理，也取得过一定成效，但这些治理大多局限于各地区、各部门，没有针对全流域的污染源综合施治，而且治理速度比不上污染的速度。因此里水河的污染持续加剧，成为了臭水沟、垃圾场，成为了经济粗放式发展的牺牲品。进入 21 世纪后，伴随着珠三角社会经济转型发展和广州佛山一体化进程的加快，位于两市交界的里水镇利用区位优势，做大做强经济，使它的 GDP 连续多年位居全国前列。2016 年，它的 GDP 总量更是在全国近 2 万个建制镇中排到了第 11 位，创造了奇迹。但原有的乡镇企业粗放发展模式的弊端日益凸显，到了非治理不可的程度。里水镇要发展经济，必须改变传统的发展模式；要改善民生，必须满足人民对美好生活的追求；要吸引客商，也必须营造一个良好的投资环境。整治里水河，同时满足了以上三个需要。从 2008 年开始，里水镇筹措资金，拉开了综合治理里水河的序幕。

里水河的治理工作大致可分为由里水镇主导的里水河综合治理工程和由南海区主导的里水河流域综合治理项目两个阶段。里水河综合整治工程包括一河三岸岸线整治工程、里水河南段绿道工程、里水河西段景观提升工程、里水河生态浮岛工程以及艺术河畔段的整治工程。此外还包括"梦里水乡"景区五大核心区，对原富寿公园、沿江公园进行综合整治提升，将其纳入里水河整治计划，沿河新增建设雕塑、游船、木栈道、文化长廊等文化艺术工程。里水河流域综合治理项目计划投资 21.54 亿元（不含动迁费），用时三年。项目囊括 66.01km² 的流域面积。涉及 3 条主干涌（里水河、泥蒲涌、南围公涌）、8 条支干涌（团结涌、鹤峰涌、和顺涌、山脚涌、东减水涌、岑岗涌、中心涌、牛屎涌）及 99 条支涌，共 110 条。项目的主要内容包括水动力及岸堤整治工程、污染源控制及截污管网工程、生态修复及景观工程、智慧水务工程等，具体共有 11 项。确定工程效益为保障里水河防洪排涝安全，提升里水河水质，为里水镇的经济转型提供良好的绿色基础设施，带动里水镇的城市经济综合可持续发展。

在里水河的综合治理过程中，建设者充分挖掘里水历史，展示城市优秀内涵；因地制宜地紧扣景观、环保、亲水、生态、和谐、文明等原则，把里水河打造成为里水镇的水客厅；融合了大量的岭南文化和里水本地民俗文化。

对有历史参考价值以及人文情怀的遗址尽量做到保留和修缮。"梦里水乡"景区中的郁水园是展示"梦里水乡"历史文化的重要园区。项目包括北涌亭、郁水流觞、古迹芳华、郁水桥、火船码头、观龙台等亮点工程，以人文历史为游览主线，集中展现了里水深厚的历史文化沉淀。此外，艺术河畔、富寿园、书香园、龙情园等一系列主题园区，形成风情水岸、古迹文化、民俗文化、书香文化、龙舟文化、水乡印记、水乡风光、寻味水乡等游览体验，特点鲜明，功能完善，可以满足不同层次群众的精神需要。

在富寿园旧造船厂原址，多个造船工艺雕塑栩栩如生，再现了当时的历史画面，让人们在现代公园里感受到历史的沉淀和传统工艺。2017 年，新增或翻新了 30 多组雕塑，这些雕塑以"前世德云宝陀逝，转生苏轼复又来""里水文教姚大宁，魁星踢斗夺状元""佛感主持虔诚心，特赐象林飞来塔""吴隐之酌贪泉而不贪，掷沉香而成洲""归隐依旧念民生，吴光龙建富寿桥"等多个里水民间故事为文化素材，通过地面印刻铺装、情景雕塑等形式，让游客领略里水的历史韵味。此外还有里水特色的非遗项目。如里水观龙台、西华寺贪泉、佛山市非遗白眉拳等。里水的民俗风情数不胜数，一直流传到今的以新春狮会、元宵跳火光、洪圣公诞、锦龙盛会最为热闹。以新修建狮舞广场、白眉拳文化广场、粤剧长廊等为载体，呈现里水非遗文化风采，文化廊结合传统岭南剪纸艺术展现传统民俗活动的盛况，结合武术雕塑和文化浮雕墙展现白眉拳拳术，传承"精武艺、重武德、铸武魂"的武术精神。

岭南水乡文化设计也被充分体现在工程设计中。婆娑绿树倒映在清澈的湖面，沿着里水河漫步，岭南文化气息扑面而来，整条河岸边的景观设计整合了岭南水乡文化，并设置了聚贤亭、白眉拳文化广场、龙舟码头、木栈道等特色亲民项目。其中木栈道部分是以木栈道作为水文化载体，供人们沿水信步，近距离接触水，同时欣赏里水河的优美风光，感受水的无穷魅力，加深人们对水的认识和喜爱，有利于水文化的传承。

里水的标志与岸线整治也为里水的水文化增色不少。里水河原来的护栏只是单纯的花岗岩，在岸线整治工程中，有意在栏杆的柱头上和北涌亭广场植入了里水的标志，形成了独具一格的里水河岸景观。每当华灯初上，河道栏杆的装饰灯都会亮起，既能照明，也可以给人不一样的感受。这也是岸线与里水本地文化的有机结合。

软环境建设是城市竞争力的重要组成部分。作为传统工业大镇，里水以水生态保护为抓手，以水文化建设塑造"梦里水乡"区域品牌，持续为里水经济和社会转型助力，打造出一片具有自己特色的文明创建道路。

（1）孕育里水传统文化，盘活特色民俗活动。里水文化底蕴深厚，集古迹文化、民俗文化、书香文化、龙舟文化、艺术文化等于一体，多元文化在此碰撞、融合、衍生，是岭南文化兼收包容的典范，成就了"梦里水乡"多元文化交融共生的特殊形态，影响深远。

每年深秋旭日下，四周的生态岛盛开着点点红花，"梦里水乡·锦龙盛会"龙舟赛就会在里水河隆重上演，吸引过万观众，见证了里水水环境工程和水文化的完美结合。

在历史文物方面，"梦里水乡"拥有诸多珍贵的文物、古迹、古建筑、传统民俗文化及众多名人典故，其中以"北涌亭"最为称著，被誉为"南海古亭之冠"，于1978年成为广东省重点文物保护单位。此外，沿河的北沙、赤山等村居还孕育出里水藤编、龙舟说唱、白眉拳、跳火光等众多省级、市级的非物质文化遗产，跳火光等民俗文化活动除成为村民每年最热衷的文化盛事外，还为群众带来了一场文化盛宴，为学者研究广府民俗文化风情提供了活态标本。

龙舟文化也体现了里水人团结协作、力争上游的精神，希望由此令社会各界凝聚，共同投入建设"梦里水乡"。某种意义上，里水的文化发展，尤其是水文化的发展引领着城市升级，成为这个小镇个性魅力的"灵"与"魂"。

（2）创建国家 4A 级景区，践行生态理念。做好水文章，只是里水环境提升的重要一环。在治水成效基础上，全新的艺术河畔景观，巨大幕墙上的蒙娜丽莎画像，河岸边色彩缤纷的建筑倒映在清澈的河面上，靓丽绿道环绕河畔，这些美景都是梦里水乡这两年的新景象。

近年来，里水以里水河为媒，在提升环境和城市品质上狠下功夫，提出创建国家 4A 级旅游区的计划。"梦里水乡"旅游景区是里水打造国家 4A 级旅游景区的首期内容，按照国家 4A 级旅游景区进行规划设计，整个景区覆盖了里水河自福南湾到水口水闸全长约 9km 的河面及河岸，用地面积约 5400 亩（1 亩≈666.67m²）。景区内的旅游景点包括艺术河畔、花海流潮、龙舟广场等。景区内配套服务一应俱全，还建有两处大型旅客服务中心和多个码头，游客可以乘坐水上游船游玩。

与其他景区不同，里水依托"梦里水乡"打造没有围栏的、开放性的大景区，意味着里水将以 4A 级的标准完善城市功能、产业配套等综合性建设。如今，里水创建国家 4A 级旅游景区规模渐显，一河三岸约 9km 水岸贯穿其中，串起了郁水园、富寿园、龙情园、书香园及艺术河畔五大主题园。站在观龙台上，远眺对岸的艺术河畔，河面波光粼粼，乌篷船摇曳而过，柔光水面宛如一条玉带，勾勒出里水美丽的身影，微风拂过水面，倒影出一片姹紫嫣红。置身其中感受清风拂面，翠色满帘。旁边的沿江路"五位一体"工程与景色相映成趣，路上行人不时驻足观看，更有市民拿着报纸端坐一旁阅读，在自然环境中感受这份怡然自得。

（3）深挖水乡文化底蕴，塑造里水新城魅力。里水正在不断探索如何提升水文化，将水景观与旅游相结合，打造高端生态旅游产品，并走出了一条特色水景观旅游之路。

在里水河综合整治中的"三河六岸"工程，突出修旧如旧重现里水水乡风貌，创水生态文明城市，建设新品牌。而里水河通过水环境治理、水生态修复等工程，结合田园风光和山林亮化，打造成了天然的山、水、田、林相融合的十里生态画廊。

这些典型示范工程的建成，给人们提供了休闲观光、度假的好场所。其中，"梦里水乡"景区一个元旦假期就吸引超过 1.5 万人前来游玩。全面推进水生态文明建设，使里水取得显著的生态成效、社会成效、经济成效。生态上，提高了水土保持和水源涵养能力，通过水文化及水景观建设，不仅有效地控制了污染，提升了防洪标准，增加了排涝收益面积，改善了农田灌溉条件，还开发了高端生态旅游产品。

在里水河的灌溉下，里水人继续深化"花"的旅游主题，将现代农业与旅游业有机结合起来，并将隐藏在里水的很多特色村落、文化古迹、田园风光等旅游资源整合起来，进一步加大旅游基础配套设施建设力度，力推"梦里水乡"生态游，让更多游客体验里水的人文品质。

（4）美化里水河，升级滨河水带经济链。创意艺术，魅力水岸，是现代艺术与岭南水乡文化有机融合的产物。里水河的建设将岭南文化、水乡特色的挖掘、延伸、创意等方面和旅游要素进行了充分结合，形成了一条水乡文化艺术氛围浓厚的旅游产业链。

通过对里水河流域的全面提升，里水河水质在不断改善，在带给人们优美生活环境的同时，里水也慢慢摸索出了一套关于水的生财之道——依傍里水河"一河三岸"9km 景观带，打造国家 4A 级旅游景区。目前，围绕里水河"一河三岸"景观带开发的郁水园、富寿园、龙情园、书香园及艺术河畔五大主题园先后投入使用，由里水河带动并逐渐壮大的水经济将成为里水旅游产业经济的重要内容。

在艺术河畔，餐饮、电影院、陶艺、旗袍店等丰富的商业形态让这里成为里水商业的新地标。从几年前的一片旧厂房，到如今的商业旺地，艺术河畔从敲定规划方案之日起就受到了不少投资方的青睐。

经过半年多的招商，艺术河畔成功出租商铺 11000 m^2，涵盖陶艺、酒店、餐饮、影院等多种业态，成为里水乃至南海范围内独一无二的滨江商业综合体。

艺术河畔商业项目的成功，里水河的优美环境功不可没。除了艺术河畔，里水镇还将围绕里水河开发一系列旅游经济产业。譬如目前已逐步开放的游船服务，未来游客可坐船观赏里水河独有的"一河三岸"景致，欣赏鱼跃水面的美景。

经过集中治理，水环境的变化为里水当地居民提供了更适宜居住、生活的自然环境，在此基础上，里水镇近几年持续推进建设"梦里水乡"、实施"公园化"战略、创建国家 4A 级旅游景区等，城市品质大大提升。随着新城区建设的提速，在完善交通等基础设施建设的基础上，里水进一步做好水环境规划治理，营造良好的生活环境，让这里的居民能生活得舒心、开心，更具幸福感和获得感。

美丽的里水河如图 5-37 所示。里水河木栈道如图 5-38 所示。造船厂原址如图 5-39 所示。龙情园如图 5-40 所示。

图 5-37   美丽的里水河

图 5-38   里水河木栈道

图 5-39　造船厂原址

图 5-40　龙情园

附　录

附录一　浙 江 省 河 长 制 规 定

（2017 年 7 月 28 日浙江省第十二届人民代表大会常务委员会第四十三次会议通过）

第一条　为了推进和保障河长制实施，促进综合治水工作，制定本规定。

第二条　本规定所称河长制，是指在相应水域设立河长，由河长对其责任水域的治理、保护予以监督和协调，督促或者建议政府及相关主管部门履行法定职责、解决责任水域存在问题的体制和机制。

本规定所称水域，包括江河、湖泊、水库以及水渠、水塘等水体。

第三条　县级以上负责河长制工作的机构（以下简称河长制工作机构）履行下列职责：

（1）负责实施河长制工作的指导、协调，组织制定实施河长制的具体管理规定。

（2）按照规定受理河长对责任水域存在问题或者相关违法行为的报告，督促本级人民政府相关主管部门处理或者查处。

（3）协调处理跨行政区域水域相关河长的工作。

（4）具体承担对本级人民政府相关主管部门、下级人民政府以及河长履行职责的监督和考核。

（5）组织建立河长管理信息系统。

（6）为河长履行职责提供必要的专业培训和技术指导。

（7）县级以上人民政府规定的其他职责。

第四条　本省建立省级、市级、县级、乡级、村级五级河长体系。跨设区的市重点水域应当设立省级河长。各水域所在设区的市、县（市、区）、乡镇（街道）、村（居）应当分级分段设立市级、县级、乡级、村级河长。

河长的具体设立和确定，按照国家和省有关规定执行。

第五条　省级河长主要负责协调和督促解决责任水域治理和保护的重大问

题，按照流域统一管理和区域分级管理相结合的管理体制，协调明确跨设区的市水域的管理责任，推动建立区域间协调联动机制，推动本省行政区域内主要江河实行流域化管理。

第六条 市、县级河长主要负责协调和督促相关主管部门制定责任水域治理和保护方案，协调和督促解决方案落实中的重大问题，督促本级人民政府制定本级治水工作部门责任清单，推动建立部门间协调联动机制，督促相关主管部门处理和解决责任水域出现的问题、依法查处相关违法行为。

第七条 乡级河长主要负责协调和督促责任水域治理和保护具体任务的落实，对责任水域进行日常巡查，及时协调和督促处理巡查发现的问题，劝阻相关违法行为，对协调、督促处理无效的问题，或者劝阻违法行为无效的，按照规定履行报告职责。

第八条 村级河长主要负责在村（居）民中开展水域保护的宣传教育，对责任水域进行日常巡查，督促落实责任水域日常保洁、护堤等措施，劝阻相关违法行为，对督促处理无效的问题，或者劝阻违法行为无效的，按照规定履行报告职责。

鼓励村级河长组织村（居）民制定村规民约、居民公约，对水域保护义务以及相应奖惩机制做出约定。

乡镇人民政府、街道办事处应当与村级河长签订协议书，明确村级河长的职责、经费保障以及不履行职责应当承担的责任等事项。本规定明确的村级河长职责应当在协议书中予以载明。

第九条 乡、村级和市、县级河长应当按照国家和省规定的巡查周期和巡查事项对责任水域进行巡查，并如实记载巡查情况。鼓励组织或者聘请公民、法人或者其他组织开展水域巡查的协查工作。

乡、村级河长的巡查一般应当为责任水域的全面巡查。市、县级河长应当根据巡查情况，检查责任水域管理机制、工作制度的建立和实施情况。

相关主管部门应当通过河长管理信息系统，与河长建立信息共享和沟通机制。

第十条 乡、村级河长可以根据巡查情况，对相关主管部门日常监督检查的重点事项提出相应建议。

市、县级河长可以根据巡查情况，对本级人民政府相关主管部门是否依法履行日常监督检查职责予以分析、认定，并对相关主管部门日常监督检查的重点事项提出相应要求；分析、认定时应当征求乡、村级河长的意见。

第十一条　村级河长在巡查中发现问题或者相关违法行为，督促处理或者劝阻无效的，应当向该水域的乡级河长报告；无乡级河长的，向乡镇人民政府、街道办事处报告。

乡级河长对巡查中发现和村级河长报告的问题或者相关违法行为，应当协调、督促处理；协调、督促处理无效的，应当向市、县相关主管部门，该水域的市、县级河长或者市、县河长制工作机构报告。

市、县级河长和市、县河长制工作机构在巡查中发现水域存在问题或者违法行为，或者接到相应报告的，应当督促本级相关主管部门限期予以处理或者查处；属于省级相关主管部门职责范围的，应当提请省级河长或者省河长制工作机构督促相关主管部门限期予以处理或者查处。

乡级以上河长和乡镇人民政府、街道办事处，以及县级以上河长制工作机构和相关主管部门，应当将（督促）处理、查处或者按照规定报告的情况，以书面形式或者通过河长管理信息系统反馈报告的河长。

第十二条　各级河长名单应当向社会公布。

水域沿岸显要位置应当设立河长公示牌，标明河长姓名及职务、联系方式、监督电话、水域名称、水域长度或者面积、河长职责、整治目标和保护要求等内容。

前两款规定的河长相关信息发生变更的，应当及时予以更新。

第十三条　公民、法人和其他组织有权就发现的水域问题或者相关违法行为向该水域的河长投诉、举报。河长接到投诉、举报的，应当如实记录和登记。

河长对其记录和登记的投诉、举报，应当及时予以核实。经核实存在投诉、举报问题的，应当参照巡查发现问题的处理程序予以处理，并反馈投诉、举报人。

第十四条　县级以上人民政府对本级人民政府相关主管部门及其负责人进行考核时，应当就相关主管部门履行治水日常监督检查职责以及接到河长报告后的处理情况等内容征求河长的意见。

县级以上人民政府应当对河长履行职责情况进行考核，并将考核结果作为

对其考核评价的重要依据。对乡、村级河长的考核，其巡查工作情况作为主要考核内容，对市、县级河长的考核，其督促相关主管部门处理、解决责任水域存在问题和查处相关违法行为情况作为主要考核内容。河长履行职责成绩突出、成效明显的，给予表彰。

县级以上人民政府可以聘请社会监督员对下级人民政府、本级人民政府相关主管部门以及河长的履行职责情况进行监督和评价。

第十五条 县级以上人民政府相关主管部门未按河长的督促期限履行处理或者查处职责，或者未按规定履行其他职责的，同级河长可以约谈该部门负责人，也可以提请本级人民政府约谈该部门负责人。

前款规定的约谈可以邀请媒体及相关公众代表列席。约谈针对的主要问题、整改措施和整改要求等情况应当向社会公开。

约谈人应当督促被约谈人落实约谈提出的整改措施和整改要求，并向社会公开整改情况。

第十六条 乡级以上河长违反本规定，有下列行为之一的，给予通报批评，造成严重后果的，根据情节轻重，依法给予相应处分：

（1）未按规定的巡查周期或者巡查事项进行巡查的。

（2）对巡查发现的问题未按规定及时处理的。

（3）未如实记录和登记公民、法人或者其他组织对相关违法行为的投诉举报，或者未按规定及时处理投诉、举报的。

（4）其他怠于履行河长职责的行为。

村级河长有前款规定行为之一的，按照其与乡镇人民政府、街道办事处签订的协议书承担相应责任。

第十七条 县级以上人民政府相关主管部门、河长制工作机构以及乡镇人民政府、街道办事处有下列行为之一的，对其直接负责的主管人员和其他直接责任人员给予通报批评，造成严重后果的，根据情节轻重，依法给予相应处分：

（1）未按河长的监督检查要求履行日常监督检查职责的。

（2）未按河长的督促期限履行处理或者查处职责的。

（3）未落实约谈提出的整改措施和整改要求的。

（4）接到河长的报告并属于其法定职责范围，未依法履行处理或者查处职责的。

（5）未按规定将处理结果反馈报告的河长的。

（6）其他违反河长制相关规定的行为。

第十八条　本规定自 2017 年 10 月 1 日起施行。

附录二　河长制工作规范（DB3306/T 015—2018）

1　范围

本标准规定了河长制的术语和定义、管理要求、工作职责和内容、工作任务、巡查要求、公开要求、考核与问责等内容。

本标准适用于绍兴市范围内为推进和保障河长制实施的综合治水工作。

2　规范性引用文件

下列文件对于本文件的应用是必不可少的。凡是注日期的引用文件，仅所注日期的版本适用于本文件。凡是不注日期的引用文件，其最新版本（包括所有的修改单）适用于本文件。

SC/T 9101 淡水池塘养殖水排放要求。

3　术语和定义

下列术语和定义适用于本标准。

3.1　河长制

在相应水域设立河长，由河长对其责任水域的治理、保护予以监督和协调，督促或者建议政府及相关主管部门履行法定职责、解决责任水域存在问题的体制和机制。

3.2　水域

包括江、河、溪、渠、塘等水体。

注：塘指池塘、水塘。

3.3　两路两侧

指公路（省道、国道及高速公路）两侧，铁路两侧及主要风景区周边水域。

4　管理要求

4.1　机构设置

4.1.1　本市建立省、市、县、乡、村五级河长体系。各水域所在设区市、县

（市、区）及市直开发区、乡镇（街道）、村（居）应当分级分段设立市、县、乡、村级河长，省级河长设立由省级机构负责。

4.1.2 各级党委、政府主要负责同志担任本地区总河长。

4.1.3 乡级及以上河长由同级党委、人大、政府、政协负责同志担任，村级河长由村级负责同志担任。跨行政区域的水域，原则上由共同的上级负责同志担任河长。

4.1.4 乡级及以上河长管理的水域应设立河道警长，全力护航河长制工作。

4.1.5 县级及以上河长应明确相应的联系部门。

4.1.6 市、县（市、区）及市直开发区应设置河长制工作机构，实行集中办公，乡级可根据需要设立河长制工作机构或落实人员负责河长制工作。

4.2 管理架构

河长制工作管理架构图见图1。

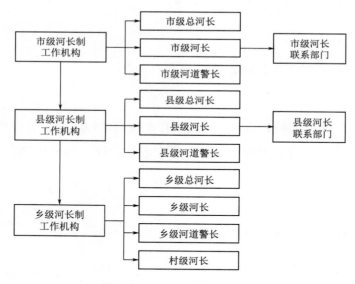

图 1 河长制工作管理架构图

4.3 例会与报告

4.3.1 各级总河长每年组织召开1～2次本行政区域的河长会议。

4.3.2 市级河长召开联席会议，全年不少于2次，研究部署、协调落实、督查考核市级河道的治理情况。联席会议成员一般包括市、县、乡级河长，联系部

门负责同志，相关职能部门负责同志。

4.3.3 县级及以上河长制工作机构每季度通报一次本行政区域河长制工作开展情况，并报上一级河长制工作机构。县级河长定期召开包干水域工作例会，每月不少于1次。县级河长定期向县级总河长书面报告工作情况，每月不少于1次。

4.3.4 乡级河长巡查发现问题应及时安排解决，在其职责范围内暂无法解决的，应当在一个工作日内将问题书面或通过网络信息平台提交有关职能部门解决，并告知当地河长制工作机构。

4.3.5 村级河长巡查发现问题应及时安排解决，在其职责范围内暂无法解决的，要通过网络信息平台立即报告上级河长协调解决或由其提交有关职能部门解决。

4.3.6 相关职能部门接到河长提交的有关问题，应当在五个工作日内处理并书面或通过网络信息平台答复河长。河长要对职能部门处理问题的过程、结果进行跟踪监督。

4.3.7 乡级及以上河长每年12月底前要向同级总河长述职，报告河长制工作落实情况。

4.3.8 各县（市、区）及市直开发区党委、政府次年1月上旬前将落实河长制情况上报市委、市政府。

4.3.9 各级河长、河长联系部门或河长制工作机构在发生重大事件时应在第一时间向本级总河长报告相关情况。

4.4 组织协调

水域跨县（市、区）及市直开发区行政区域的，由市级河长组织协调。水域跨乡镇（街道）行政区域的，由县级河长组织协调。跨各级行政区域交界的水域，鼓励设立相应的交界河长，负责沟通协调。

5 工作职责和内容

5.1 各级河长制工作机构

5.1.1 负责本行政区域河长制组织实施的具体工作，指导、协调、督查、考核各地河长制工作的落实情况。

5.1.2 协调处理跨行政区域水域相关河长的工作，负责合理配置各级河长。

5.1.3 负责协调河长制工作机构成员单位按照职责分工落实责任，监督指导下级河长制工作机构开展工作,有序推进各项工作任务。

5.1.4 负责做好优秀河长典型经验的总结推广,扩大河长治水影响力,树立先进典型。

5.1.5 完善河长管理信息系统,积极发动社会力量参与护河治水,协助河长做好护河治水工作。

5.1.6 为河长履行职责提供必要的专业培训和技术指导,负责每年组织开展1~2次业务培训。

5.2 各级总河长

5.2.1 负责组织领导本行政区域内河长制工作,对本行政区域水域管理保护负总责。

5.2.2 按照例会要求召开会议,研究本行政区域河长制推进工作,年底听取所辖区域河长的述职报告,并向上级总河长报告本行政区域河长制落实情况。

5.3 市级河长

5.3.1 负责组织、领导、协调、监督责任水域的管理保护工作,牵头推进各项河长制工作。

5.3.2 负责审定责任水域"一河一策"治理方案和年度实施计划,监督指导属地各级政府和有关部门开展水域管理保护工作。

5.3.3 不定期开展责任水域的巡查工作,牵头组织建立区域间、部门间的协调联动机制,责成主管部门处理和解决责任水域出现的问题。

5.3.4 按照例会要求召开会议,研究制定责任水域治理措施,重点协调和督促解决责任水域治理和保护的重点难点问题。

5.3.5 定期牵头组织对下级河长和市级河长联系部门履职情况进行督导检查,发现问题及时发出整改督办单或约谈相关负责人。

5.3.6 每年12月底前向市级总河长述职,报告责任水域河长制落实情况。

5.4 "两路两侧"市级河长

5.4.1 负责监督指导属地各级政府和有关部门开展"两路两侧"及主要风景区周边水域整治工作。

5.4.2 定期开展巡查,发现问题及时督促属地落实整改。

5.4.3 负责督查联系部门的履职情况,发现问题及时发出整改督办单或约谈相

关负责人。

5.4.4 每年12月底前向市级总河长述职，报告"两路两侧"水域监督情况。

5.5 县级河长

5.5.1 负责组织、领导、协调、监督责任水域的管理保护工作。

5.5.2 负责牵头制定责任水域"一河一策"治理方案和年度实施计划，负责督查责任水域"一河一策"治理工作的进度、质量和涉河违章、排污等整治情况；涉及市级河长管理的水域，要定期向市级河长汇报"一河一策"治理工作进展和自身履职情况。

5.5.3 定期开展责任水域的巡查工作，牵头组织建立区域间、部门间的协调联动机制，责成主管部门处理和解决责任水域出现的问题。

5.5.4 按照例会要求召开会议，研究制定责任水域治理措施，重点协调和督促解决责任水域治理和保护的重点难点问题。

5.5.5 定期牵头组织对下级河长和县级河长联系部门履职情况进行督导检查，发现问题及时发出整改督办单或约谈相关负责人。

5.5.6 每年12月底前向县级总河长述职，报告河长制落实情况。

5.6 乡级河长

5.6.1 负责组织、领导、协调、监督责任水域的管理保护工作。

5.6.2 负责牵头制定并组织实施责任水域"一河一策"治理方案和年度实施计划；定期向上级河长汇报"一河一策"治理工作进展和自身履职情况，并抄送县（市、区）及市直开发区河长制工作机构。

5.6.3 定期开展责任水域的巡查工作，协助上级河长开展工作，加强与相关责任部门联系对接，推动落实各项水域治理工作。

5.6.4 按照例会要求召开会议，研究制定责任水域治理措施，落实各项河长制工作任务。

5.6.5 牵头组织对下级河长履职情况进行督导检查，发现问题及时发出整改督办单。

5.6.6 每年12月底前向乡级总河长述职，报告河长制落实情况。

5.7 村级河长

5.7.1 开展责任水域常态巡查，发现问题妥善解决，必要时及时上报。

5.7.2 负责协助、落实乡级河长在责任水域的管理保护工作，及时向上级河长汇报工作进展情况。

5.7.3 开展责任水域河长制宣传教育，动员村（居）民参与爱水护水活动。

5.7.4 鼓励村（居）民制定村规民约、居民公约，对水域保护义务以及相应奖惩机制做出约定。

5.8 河道警长

5.8.1 开展治安巡查，做好涉水纠纷、隐患排查工作，及时向职能部门通报涉河矛盾纠纷，积极参与矛盾纠纷化解工作。

5.8.2 依法严惩破坏水域的违法犯罪活动，严厉打击查处向水域非法排放、倾倒、处置污染物，以及盗窃破坏治污、排水、供水设备等城市公共设施的违法犯罪行为。

5.8.3 依法打击在涉水执法过程中的暴力抗法、打击报复等违法犯罪行为。

5.9 河长联系部门

5.9.1 协助同级河长制定"一河一策"治理方案和年度实施计划，协助同级河长召开工作例会、联席会议及其他相关协调会议，督促下级河长和责任部门落实各项目标任务，协调解决跨区域水域治理重点问题。

5.9.2 定期开展日常巡查工作，建立信息报告制度，督促下级河长和有关部门每月及时上报项目进展情况，并定期向同级河长和河长制工作机构报告工作进展情况。

5.9.3 负责做好河长制台账资料整编工作，包含"一河一策"方案和年度治理任务清单、巡河、治理记录、联席会议记录、每月河长制工作开展情况通报等资料。

6 工作任务

6.1 统筹协调

各级河长协调督促落实以下工作任务。

6.2 水污染防治

6.2.1 工业污染治理

6.2.1.1 开展重点行业污染治理，建立完善重污染行业长效监管机制。

6.2.1.2 开展工业园区污染集中治理，工业园区河道水质达到规定要求。

6.2.1.3 开展"低散乱"块状行业整治提升工作，对安全生产、环境保护、节能降耗不达标、企业出租厂房违法生产以及其他违法生产的"低散乱"企业（加工点、作坊）依法实施关停整治。

6.2.1.4 工业废水应当按照规定进行预处理达标后排入污水管网，不得直排水域。

6.2.2 城镇生活污水治理

6.2.2.1 全面推进"污水零直排区"建设，开展雨污分流改造和截污纳管建设，建立完善配套运维机制。实现雨污水"能分则分，难分必截"，生活污水"应截尽截，应处尽处"。

6.2.2.2 严格执行城镇污水排入排污管网许可制度，加强生活污水处理设施建设和改造运行管理。

6.2.3 农村生活污水治理

落实农村生活污水治理设施的长效运维；以专业化要求加强农村污水设施的长效常态管理。

6.2.4 城乡生活垃圾污染治理

按照四分法要求，建立完善生活垃圾分类投放、收集、运输及处置体系。

6.2.5 农业面源污染治理

6.2.5.1 落实规模化养殖场污染治理，新（改、扩）建规模化畜禽养殖场全面实施雨污分流、养殖废弃物减量化、无害化、资源化利用，加强对禁养区域已清理关停的养殖场的日常巡查和监管，落实监管责任措施。

6.2.5.2 开展生态拦截沟渠建设，示范区域内农田排水化学需氧量、总氮、总磷分别逐年减少。

6.2.5.3 普及测土配方施肥，推广科学施肥技术，实施有机肥替代化肥行动及农作物病虫害专业化统防统治与绿色防控融合工作。

6.2.5.4 在禁养区范围内全面实施河蚌、网箱、围栏"禁养"。

6.2.5.5 特种养殖尾水达到 SC/T 9101 排放要求。

6.2.6 河道淤（污）泥治理

开展河道清淤（污）工作，建立健全污泥产生、运输、储存、处置的全过程监管体系。

6.2.7 入河排污口治理

6.2.7.1 依法加强入河排污口设置审核，规范入河排污口设置，建立健全入河排污口信息管理系统。

6.2.7.2 全面清理非法设置、设置不合理、经整治后仍无法达标排放的排污口：

——对保留的排污口，都要设置规范的标识牌，公开排污口名称、编号、汇入主要污染源、整治措施和时限、监督电话等信息，并将入河排污口日常监管列入基层河长履职巡查的重点内容。

——对偷设、私设的排污口、暗管，一律封堵。

——对污水直排口，一律就近纳管或采取临时截污措施；对雨污混排口，一律限期整改。

6.3 水环境治理

6.3.1 加强河水面保洁长效管理，推进美丽河道、生态河道建设，河道整治与两岸生态环境建设。

6.3.2 深化流域水环境治理，建立流域水环境治理的长效管理机制和创新机制。

6.3.3 加强水环境质量监测，建立完善水环境监测网络，定期对监测结果开展评价通报。

6.4 水资源保护

6.4.1 落实最严格水资源管理制度，实行水资源消耗总量和强度双控措施，严守水资源开发利用控制、用水效率控制、水功能区限制纳污三条红线，构建水资源合理配置和高效利用体系。

6.4.2 实施规划水资源论证制度，建立健全水资源承载能力评价和监测预警机制。

6.4.3 实行计划用水管理，除农业灌溉及少量人畜用水外，工商企业在河湖等地表水域取水或取用地下水的应进行取水水资源论证，向水行政主管部门办理取水许可，实行计划管理。

6.5 水域岸线管理保护

6.5.1 严格水域岸线空间管控，开展重要江河水域岸线保护利用管理规划编制，明确管理界线，严格涉河活动的社会管理。

6.5.2 加强水利工程标准化建设，建立健全管理责任机制、资金保障机制、运行维护机制和长效管理机制。

6.5.3 强化水事管理，对侵占河道、围垦湖泊、非法采砂等涉水问题进行严查监管，对岸线乱占滥用、多占少用、占而不用等突出问题开展清理整治，恢复水域岸线生态功能。严格控制水面率，涉河审批占补平衡、现有水域面积不减少。

6.6 水生态修复

6.6.1 源头保护

科学设置生态环境功能区、划定生态保护红线，健全河源头保护和生态补偿机制，加强河源头水土流失防治和生态保护综合治理以及生态修复。

6.6.2 水体流动性

打通断头河，逐步恢复坑塘、河湖、湿地等各类水体的自然连通，增强水体流动性，提高水体自净能力，构建良好的水生态系统。

6.6.3 水域功能修复

开展河道生物修复，改善水生态系统，加快恢复水体自净功能，推进国家湿地公园，电站生态改造，生态清洁型小流域建设。

6.6.4 重点整治工程建设

加强防洪排涝工程建设，提升防御洪涝台旱灾害能力和水资源保障水平，改善水生态环境。

6.7 执法监管

6.7.1 完善执法巡查、批后监管、随机抽查、督察考核等工作制度体系，建立健全涉水执法部门联动机制和司法协作机制，建立水域日常监管巡查制度。

6.7.2 落实水域管理、保护、监管和执法的责任主体、人员、设备、经费。

6.7.3 建立多层级的学习培训机制，完善执法装备，强化实战演练，提升执法管理人员的监管执法能力和业务水平。

6.7.4 加强水域动态监管，严厉打击涉水违法行为。

7 巡查要求

7.1 巡查频次

7.1.1 市级河长（包括"两路两侧"市级河长）不定期开展巡查。

7.1.2 市级河长联系部门巡查每半月不少于1次。

7.1.3 县级河长巡查每半月不少于1次。

7.1.4 乡级河长巡查每周不少于1次。

7.1.5 村级河长巡查每周不少于2次。

7.2 巡查流程

7.2.1 县级河长巡查流程

7.2.1.1 按规定要求巡查水域，核实问题情况。

7.2.1.2 通知相关部门及时处理，并限期反馈。

7.2.1.3 超出本级河长职责范围的，报告县级总河长或市级河长，提请协调解决。

7.2.2 乡、村级河长巡查流程

7.2.2.1 按规定要求巡查水域、查找问题。

7.2.2.2 发现问题后及时处理。

7.2.2.3 及时劝阻违法行为和不良习惯。

7.2.2.4 不在职责范围内的或劝阻无效的，做好记录并报告乡级河长制工作机构或乡级总河长或县级河长，并跟踪了解处理结果。

7.3 巡查内容

7.3.1 县级河长巡查内容

县级河长巡查包括现场调研、监督、检查、处理，主要有以下内容：

——听取乡级河长工作汇报，检查"一河一策"推进完成情况，审议水域治理重大措施，协调跨部门、跨乡镇的重要问题。

——检查机制建立和实施情况，其中现场巡查内容包括河面岸保洁、河底污泥或垃圾、水体味和色、入河排污口、涉水违建（构）筑物、涉水告示牌、此前巡查发现的问题、水工建筑物等。

——对发生在责任水域的突发性问题及时掌握、研究，责令限期整改并跟踪督办。

7.3.2 乡、村级河长巡查内容

乡、村级河长巡查内容有：

——保洁是否到位。

——有无明显污泥或垃圾淤积。

——水体有无异味，颜色是否异常（如发黑、发黄、发白等）。

——是否有新增入河排污口；入河排污口排放废水的颜色、气味是否异常，雨水排放口晴天有无污水排放；入河排污（水）口相应的工业企业、畜禽养殖场、污水处理设施、服务行业企业等是否存在明显异常排放情况。

——是否存在涉水违建（构）筑物，是否存在倾倒废土弃渣、工业固废和危废，是否存在其他侵占水域的问题。

——是否存在非法电鱼、网鱼、药鱼等破坏水生态环境的行为。

——河长公示牌、排污（水）口标示牌等涉水告示牌设置是否规范，是否存在倾斜、破损、变形、变色、老化等影响使用的问题。

——此前巡查发现的问题是否解决到位。

——是否存在其他影响水域水质的问题。

——堤坝、水闸等水工建筑物是否存在损毁、开裂、设施杂乱等情况。

7.4 巡查记录

各级河长要严格按规定频次、规定要求使用网络信息平台开展日常巡查，做好河道日常情况的记录和反馈，做到巡查的轨迹、内容电子化，有文字、图片或视频，台账资料清晰可查。

8 公开要求

8.1 信息公开

8.1.1 各级河长名单应当向社会公布。

8.1.2 水域沿岸显要位置应当设立河长公示牌，其内容应符合相关规定要求。

8.1.3 前两款规定的河长相关信息发生变更的，应当及时予以更新。

8.1.4 县级及以上河长管理河道要在当地主要媒体公布"一河一策"治理方案和年度实施目标。乡级及以上河长要建立河长网络信息平台，及时沟通信息、互通有无。

8.2 公众参与

鼓励设置民间河长。各地可根据需要，自行设置各类民间河长，参与水域监督与管理工作。

8.3 投诉举报

8.3.1 各级河长制工作机构应设立相应的公众投诉举报渠道，并将所受理事项及时交付相应的河长办理。

8.3.2 河长接到群众的投诉举报，应当认真记录，在一个工作日内赴现场进行初步核实。投诉举报的问题属实的，应当予以解决。对暂不能解决的问题，提交有关职能部门处理。

8.3.3 河长应在七个工作日内，将投诉举报问题的处理情况反馈给举报投诉人。

9 考核与问责

河长履职考核工作纳入各地河长制考核体系，考核结果作为地方党政领导干部综合考核评价的重要依据。实行水域生态环境损害责任终身追究制，对造成水域面积萎缩、水体恶化、生态功能退化等生态环境损害的，严格按照有关规定追究相关单位和人员的责任。

附录三　湖长制工作规范（DB3306/T 016—2018）

1　范围

本标准规定了湖长制的术语和定义、管理要求、工作职责和内容、工作任务、巡查要求、公开要求、考核与问责等内容。

本标准适用于绍兴市范围内为推进和保障湖长制实施的综合治水工作。

2　规范性引用文件

下列文件对于本文件的应用是必不可少的。凡是注日期的引用文件，仅所注日期的版本适用于本文件。凡是不注日期的引用文件，其最新版本（包括所有的修改单）适用于本文件。

SC/T 9101 淡水池塘养殖水排放要求。

3　术语和定义

下列术语和定义适用于本标准。

3.1　湖长制

在相应水域设立湖长，由湖长对其责任水域的治理、保护予以监督和协调，督促或者建议政府及相关主管部门履行法定职责、解决责任水域存在问题的体制和机制。

3.2　水域

水域包括天然湖泊、人工湖泊（水库）以及山塘等水体。

4　管理要求

4.1　机构设置

4.1.1　本市建立省、市、县、乡、村五级湖长体系。

4.1.2　各级党委、政府主要负责同志担任各行政区域的总湖长。

4.1.3　跨市行政区域的重要湖（库）设立省级湖长，由省级机构负责。

4.1.4 市行政区域内跨县级行政区域的湖泊、0.5平方公里以上的湖泊、大中型水库、市本级直管水库和市级湖长制工作机构认为重要的湖（库），其最高层级湖长原则上由市级负责同志担任。

4.1.5 县级行政区域内跨乡镇级行政区域的湖泊、县（市、区）本级直管水库，其最高层级湖长原则上由县级负责同志担任。

4.1.6 其他湖（库）的最高层级湖长原则上由乡镇（街道）负责同志担任。

4.1.7 最高层级以下湖长按照所在行政区域逐级分区设立。

4.1.8 乡级及以上湖长管理水域应设立湖（库）警长全力护航湖长制工作。

4.1.9 县级及以上湖长应明确相应的联系部门。

4.1.10 市、县（市、区）应设置湖长制工作机构，实行集中办公，乡级可根据需要设立湖长制工作机构或落实人员负责湖长制工作。

4.2 管理架构

湖长制工作管理架构图见图1。

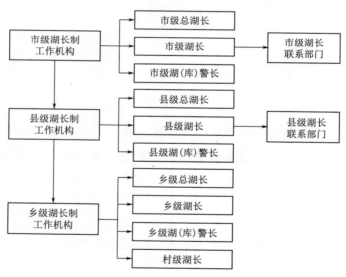

图1 湖长制工作管理架构

4.3 例会与报告

4.3.1 各级总湖长每年组织召开1～2次本行政区域的湖长会议。

4.3.2 市级湖长召开联席会议，全年不少于2次，研究部署、协调落实、督查考核责任湖（库）的治理情况。联席会议成员一般包括市、县、乡级湖长，联

系部门负责同志，相关职能部门负责同志，及水库集雨面积内的相关河长。

4.3.3 县级及以上湖长制工作机构每季度通报一次本行政区域湖长制工作开展情况，并报上一级湖长制工作机构。县级湖长定期召开包干水域工作例会，每月不少于1次。县级湖长定期向县级总湖长书面报告工作情况，每月不少于1次。

4.3.4 乡级湖长巡查发现问题应及时安排解决，在其职责范围内暂无法解决的，应当在一个工作日内将问题书面或通过网络信息平台提交有关职能部门解决，并告知当地湖长制工作机构。

4.3.5 村级湖长巡查发现问题应及时安排解决，在其职责范围内暂无法解决的，要通过网络信息平台立即报告上级湖长协调解决或由其提交有关职能部门解决。

4.3.6 相关职能部门接到湖长提交的有关问题，应当在五个工作日内处理并书面或通过网络信息平台答复湖长。湖长要对职能部门处理问题的过程、结果进行跟踪监督。

4.3.7 乡级及以上湖长每年12月底前要向同级总湖长述职，报告湖长制工作落实情况。

4.3.8 各县（市、区）党委、政府次年1月上旬前将落实湖长制情况上报市委、市政府。

4.3.9 各级湖长、湖长联系部门或湖长制工作机构在发生重大事件时应在第一时间向本级总湖长报告相关情况。

4.4 组织协调

水域跨县（市、区）行政区域的，由市级湖长组织协调。水域跨乡镇（街道）行政区域的，由县级湖长组织协调。

5 工作职责和内容

5.1 各级湖长制工作机构

5.1.1 负责本行政区域湖长制组织实施的具体工作，指导、协调、督查、考核各地湖长制工作的落实情况。

5.1.2 负责合理配置各级各类湖（库）的湖长。

5.1.3 负责协调湖长制工作机构成员单位按照职责分工落实责任，监督指导下级湖长制工作机构开展工作，有序推进各项工作任务。

5.1.4 负责做好优秀湖长典型经验的总结推广，扩大湖长治水影响力，树立先进典型。

5.1.5 积极发动社会力量参与护湖（库）治水，协助湖长做好护湖（库）治水工作。

5.1.6 为湖长履行职责提供必要的专业培训和技术指导，负责每年组织开展1～2次业务培训。

5.2 各级总湖长

5.2.1 负责组织领导本行政区域内湖长制工作，对本行政区域水域管理保护负总责。

5.2.2 按照例会要求召开会议，研究本行政区域湖长制推进工作，年底听取所辖区域湖长的述职报告，并向上级总湖长报告本行政区域湖长制落实情况。

5.3 市级湖长

5.3.1 负责组织、领导、协调、监督责任水域的管理保护工作。

5.3.2 负责审定责任水域"一湖一策"治理方案和年度实施计划，监督指导属地各级政府和有关部门开展水域管理保护工作。

5.3.3 不定期开展责任水域的巡查工作，牵头组织建立区域间、部门间的协调联动机制，责成主管部门处理和解决责任水域出现的问题。

5.3.4 按照例会要求召开会议，研究制定责任水域治理措施，重点协调和督促解决责任水域治理和保护的重点难点问题。

5.3.5 定期牵头组织对下级湖长和市级湖长联系部门履职情况进行督导检查，发现问题及时发出整改督办单或约谈相关负责人。

5.3.6 每年12月底前向市级总湖长述职，报告责任水域湖长制落实情况。

5.4 县级湖长

5.4.1 负责组织、领导、协调、监督责任水域的管理保护工作，牵头推进责任水域各项湖长制工作。

5.4.2 负责牵头制定责任水域"一湖一策"治理方案和年度实施计划，负责督查责任水域"一湖一策"治理工作的进度、质量和涉湖（库）违章、排污等整

治情况；涉及市级湖长管理的水域，要定期向市级湖长汇报"一湖一策"治理工作进展和自身履职情况。

5.4.3　定期开展责任水域的巡查工作，牵头组织建立区域间、部门间的协调联动机制，责成主管部门处理和解决责任水域出现的问题。

5.4.4　按照例会要求召开会议研究制定责任水域治理措施，重点协调和督促解决责任水域治理和保护的重点难点问题。

5.4.5　定期牵头组织对下级湖长和县级湖长联系部门履职情况进行督导检查，发现问题及时发出整改督办单或约谈相关负责人。

5.4.6　每年12月底前向县级总湖长述职，报告湖长制落实情况。

5.5　乡级湖长

5.5.1　负责组织、领导、协调、监督责任水域的管理保护工作，牵头推进责任水域各项湖长制工作。

5.5.2　负责牵头制定并组织实施责任水域"一湖一策"治理方案和年度实施计划；定期向上级湖长汇报"一湖一策"治理工作进展和自身履职情况，并抄送县（市、区）湖长制工作机构。

5.5.3　定期开展责任水域的巡查工作，协助上级湖长开展工作，加强与相关责任部门联系对接，推动落实各项水域治理工作。

5.5.4　按照例会要求召开会议，研究制定责任水域治理措施，落实各项湖长制工作任务。

5.5.5　牵头组织对下级湖长履职情况进行督导检查，发现问题及时发出整改督办单。

5.5.6　每年12月底前向乡级总湖长述职，报告湖长制落实情况。

5.6　村级湖长

5.6.1　开展责任水域常态巡查，发现问题妥善解决，必要时及时上报。

5.6.2　负责协助、落实乡级湖长在责任水域的管理保护工作，及时向上级湖长汇报工作进展情况。

5.6.3　开展责任水域湖长制宣传教育，动员村（居）民参与爱水护水活动。

5.6.4　鼓励村（居）民制定村规民约、居民公约，对水域保护义务以及相应奖惩机制做出约定。

5.7 湖（库）警长

5.7.1 开展治安巡查，做好涉水纠纷、隐患排查工作，及时向职能部门通报涉湖（库）矛盾纠纷，积极参与矛盾纠纷化解工作。

5.7.2 依法严惩破坏水域的违法犯罪活动，严厉打击查处向水域非法排放、倾倒、处置污染物，以及盗窃破坏治污、排水、供水设备等城市公共设施的违法犯罪行为。

5.7.3 依法打击在涉水执法过程中的暴力抗法、打击报复等违法犯罪行为。

5.8 湖长联系部门

5.8.1 协助同级湖长制定"一湖一策"治理方案和年度实施计划，协助同级湖长召开工作例会、联席会议及其他相关协调会议，督促下级湖长和责任部门落实各项目标任务，协调解决跨区域水域治理重点问题。

5.8.2 定期开展日常巡查工作，建立信息报告制度，督促下级湖长和有关部门每月及时上报项目进展情况，并定期向同级湖长和湖长制工作机构报告工作进展情况。

5.8.3 负责做好湖长制台账资料整编工作，包括"一湖一策"方案和年度治理任务清单、巡湖、治理情况、联席会议记录、每月湖长制工作开展情况通报等资料。

6 工作任务

6.1 统筹协调

各级湖长协调督促落实以下工作任务。

6.2 湖（库）水域空间管控

6.2.1 依法划定湖（库）管理范围，严格控制开发利用行为，将湖（库）及其生态缓冲带划为优先保护区，依法落实相关管控措施。

6.2.2 严禁以任何形式围垦湖（库）、违法占用湖（库）水域。

6.2.3 严格控制跨湖（库）、穿湖（库）、临湖（库）建筑物和设施建设，确需建设的重大项目和民生工程，要优化工程建设方案，采取科学合理的恢复和补救措施，最大限度减少对湖（库）的不利影响。

6.2.4 严格管控湖（库）区围网养殖、采砂等活动。

6.2.5 流域、区域涉及湖（库）开发利用的相关规划应依法开展规划环评，湖

（库）管理范围内的建设项目和活动，必须符合相关规划并科学论证，严格执行工程建设方案审查、环境影响评价等制度。

6.3　湖（库）岸线管理保护

6.3.1　实行湖（库）岸线分区管理，依据土地利用总体规划等，合理划分保护区、保留区、控制利用区、可开发利用区，明确分区管理保护要求，强化岸线用途管制和节约集约利用，严格控制开发利用强度，最大程度保持湖（库）岸线自然形态。

6.3.2　严格湖（库）岸线空间管控，开展重要湖（库）水域岸线保护利用管理规划编制，明确管理界线，严格涉湖（库）活动的社会管理。

6.3.3　加强水利工程标准化建设，建立健全管理责任机制、资金保障机制、运行维护机制和长效管理机制。

6.3.4　强化湖（库）水事管理，对围垦湖（库）、非法采砂等涉水问题进行严查监管，对岸线乱占滥用、多占少用、占而不用等突出问题开展清理整治，恢复水域岸线生态功能。严格控制水面率，涉湖（库）审批占补平衡、现有水域面积不减少。

6.3.5　沿湖（库）土地开发利用和产业布局，应与岸线分区要求相衔接。

6.4　湖（库）水资源保护和水污染防治

6.4.1　湖（库）水资源保护

6.4.1.1　落实最严格水资源管理制度，实行水资源消耗总量和强度双控措施，严守水资源开发利用控制、用水效率控制、水功能区限制纳污三条红线，构建水资源合理配置和高效利用体系。

6.4.1.2　坚持节水优先，建立健全集约节约用水机制。严格湖（库）取水、用水和排水全过程管理，控制取水总量，维持湖（库）生态用水和合理水位。加强湖（库）汇水范围内城市管网建设和初期雨水收集处理设施建设。

6.4.1.3　实施规划水资源论证制度，建立健全水资源承载能力评价和监测预警机制。

6.4.1.4　计划用水管理，除农业灌溉及少量人畜用水外，工商企业在湖（库）等地表水域取水或取用地下水的应进行取水水资源论证，向水行政主管部门办理取水许可，实行计划管理。

6.4.1.5　饮用水水源保护

6.4.1.5.1　划定饮用水水源保护范围，依据相应的法规落实各项保护措施，清理违法建筑及违规设置排污口。

6.4.1.5.2　在饮用水水源保护区的边界设立明显的地理界标和明显的警示标志，有条件的可在保护区外围设置隔离设施，制订水源保护公约。

6.4.1.5.3　建立健全饮用水水源地"一源一策"和水质监测预警制度，编制实施饮用水水源环境保护规划，落实保护区污染源清理整治。

6.4.1.5.4　定期对饮用水水源水质进行监测并向社会公布监测结果。

6.4.2　湖（库）水污染防治

6.4.2.1　工业污染治理

6.4.2.1.1　开展重点行业污染治理和工业园区污染集中治理，建立完善重污染行业长效监管机制。

6.4.2.1.2　开展"低散乱"块状行业整治提升工作。对安全生产、环境保护、节能降耗不达标、企业出租厂房违法生产以及其他违法生产的"低散乱"企业（加工点、作坊）依法实施关停整治。

6.4.2.1.3　工业废水应当按照规定进行预处理达标后排入污水管网，不得直排水域。

6.4.2.2　城镇生活污水治理

6.4.2.2.1　全面推进"污水零直排区"建设，深入开展雨污分流改造和截污纳管建设，建立完善配套运维机制。实现雨污水"能分则分，难分必截"，生活污水"应截尽截，应处尽处"。

6.4.2.2.2　严格执行城镇污水排入排污管网许可制度，加强生活污水处理设施建设和改造运行管理。

6.4.2.3　农村生活污水治理

落实农村生活污水治理设施的长效运维，以专业化要求加强农村污水设施的长效常态管理。

6.4.2.4　城乡生活垃圾污染治理

按照四分法要求，建立完善生活垃圾分类投放、收集、运输及处置体系。

6.4.2.5　农业面源污染治理

6.4.2.5.1　落实规模化养殖场污染治理。新（改、扩）建规模化畜禽养殖场全

面实施雨污分流、养殖废弃物减量化、无害化、资源化利用，加强对禁养区域已清理关停的养殖场的日常巡查和监管，落实监管责任措施。

6.4.2.5.2 开展生态拦截沟渠建设，示范区域内农田排水化学需氧量、总氮、总磷分别逐年减少。

6.4.2.5.3 普及测土配方施肥，推广科学施肥技术，实施有机肥替代化肥行动及农作物病虫害专业化统防统治与绿色防控融合工作。

6.4.2.5.4 在禁养区范围内全面实施河蚌、网箱、围栏"禁养"。

6.4.2.5.5 特种养殖尾水达到 SC/T 9101 排放要求。

6.4.2.6 湖（库）淤（污）泥治理

开展湖（库）清淤（污）工作，建立健全污泥产生、运输、储存、处置的全过程监管体系。

6.4.2.7 入湖（库）污染物及排污口治理

6.4.2.7.1 落实污染物达标排放要求，严格按照限制排污总量控制入湖（库）污染物总量、设置并监管入湖排污口。

6.4.2.7.2 入湖（库）污染物总量超过水功能区限制排污总量的湖（库），应排查入湖（库）污染源，制定实施限期整治方案，明确年度入湖（库）污染物削减量，逐步改善湖（库）水质；水质达标的湖（库），应采取措施确保水质不退化。

6.4.2.7.3 严格落实排污许可制度。建立健全入湖（库）排污口信息管理系统。

6.4.2.7.4 依法取缔非法设置的入湖（库）排污口，严厉打击废污水直接入湖（库）和垃圾倾倒等违法行为：

——对保留的排污口，都要设置规范的标识牌，公开排污口名称、编号、汇入主要污染源、整治措施和时限、监督电话等信息，并将入湖（库）排污口日常监管列入基层湖长履职巡查的重点内容。

——对偷设、私设的排污口、暗管，一律封堵。

——对污水直排口，一律就近纳管或采取临时截污措施；对雨污混排口，一律限期整改。

6.5 湖（库）水环境综合整治

6.5.1 按照水功能区区划确定各类水体水质保护目标，强化湖（库）水环境整治，限期完成存在黑臭水体的湖（库）和入湖河流整治。在作为饮用水水源地的湖（库），开展饮用水水源地安全保障达标和规范化建设。

6.5.2 湖（库）区周边污染治理，开展清洁小流域建设。加大湖（库）区综合整治力度，有条件的地区，在采取生物净化、生态清淤等措施的同时，可结合防洪、供用水保障等需要，因地制宜加大湖（库）引水排水能力，增强湖（库）水体的流动性，改善湖（库）水环境。

6.5.3 加强湖（库）水面保洁长效管理，推进美丽河湖建设及湖（库）整治与两岸生态环境建设。

6.5.4 加强水环境质量监测，建立完善水环境监测网络，定期对监测结果开展评价通报。

6.6 湖（库）生态治理与修复

6.6.1 健康评估

加大对生态环境良好湖（库）的严格保护，加强湖（库）水资源调控，进一步提升湖（库）生态功能和健康水平。

6.6.2 源头保护

6.6.2.1 科学设置生态环境功能区、划定生态保护红线，健全湖（库）源头保护和生态补偿机制。

6.6.2.2 积极有序推进生态恶化湖（库）的治理与修复，加快实施退田还湖（库）还湿、退渔还湖（库），逐步恢复湖（库）水系的自然连通。

6.6.2.3 加大湖（库）源头水土流失防治和生态保护综合治理以及生态修复力度。

6.6.3 水体流动性

6.6.3.1 加强湖（库）水生生物保护，科学开展增殖放流，提高水生生物多样性。

6.6.3.2 逐步恢复坑塘、河湖、湿地等各类水体的自然连通，增强水体流动性，提高水体自净能力，构建良好的水生态系统。

6.6.4 水域功能修复

6.6.4.1 开展湖（库）生物修复，改善水生态系统，加快恢复水体自净功能。

6.6.4.2 因地制宜推进湖（库）生态岸线建设、滨湖（库）绿化带建设、沿湖（库）湿地公园和水生生物保护区建设。

6.6.5 重点整治工程建设

加强防洪排涝工程建设，提升防御洪涝台旱灾害能力和水资源保障水平，改善水生态环境。

6.7 湖（库）执法监管

6.7.1 完善执法巡查、批后监管、随机抽查、督察考核等工作制度体系，建立健全湖（库）、入湖（库）河流所在行政区域的多部门联合执法机制及行政执法与刑事司法衔接机制，建立日常监管巡查制度。

6.7.2 落实湖（库）管理、保护、监管和执法的责任主体、人员、设备、经费。

6.7.3 建立多层级的学习培训机制，完善执法装备，强化实战演练，提升执法管理人员的监管执法能力和业务水平。

6.7.4 加强湖（库）动态监管，严厉打击涉湖（库）违法违规行为。

7 巡查要求

7.1 巡查频次

市级湖长不定期开展巡查，市级湖长联系部门和县、乡、村各级湖长根据相关要求开展巡查。

7.2 巡查流程

7.2.1 县级湖长巡查流程

7.2.1.1 按规定要求巡查水域，核实问题情况。

7.2.1.2 通知相关部门及时处理，并限期反馈。

7.2.1.3 超出本级湖长职责范围的，报告县级总湖长或市级湖长，提请协调解决。

7.2.2 乡、村级湖长巡查流程

7.2.2.1 按规定要求巡查水域、查找问题。

7.2.2.2 发现问题后及时处理。

7.2.2.3 及时劝阻违法行为和不良习惯。

7.2.2.4 不在职责范围内的或劝阻无效的，做好记录并报告乡级湖长制工作机构或乡级总湖长或县级湖长，并跟踪了解处理结果。

7.3 巡查内容

7.3.1 县级湖长巡查内容

县级湖长巡查包括现场调研、监督、检查、处理，主要有以下内容：

——听取乡级湖长工作汇报，检查"一湖一策"推进完成情况，审议湖

（库）治理重大措施，协调跨部门、跨乡镇的重要问题。

——重点检查机制建立和实施情况，其中现场巡查内容包括湖（库）面岸保洁、湖（库）底污泥或垃圾、水体味和色、入河排污口、涉水违建（构）筑物、涉水告示牌、此前巡查发现的问题、水工建筑物等。

——对发生在责任水域的突发性问题及时掌握、研究，责令限期整改并跟踪督办。

7.3.2　乡、村级湖长巡查内容

乡、村级湖长巡查内容有：

——保洁是否到位。

——有无明显污泥或垃圾淤积。

——水体有无异味，颜色是否异常（如发黑、发黄、发白等）。

——是否有新增入湖（库）排污口；入湖（库）排污口排放废水的颜色、气味是否异常，雨水排放口晴天有无污水排放；入湖（库）排污（水）口相应的工业企业、畜禽养殖场、污水处理设施、服务行业企业等是否存在明显异常排放情况。

——是否存在涉水违建（构）筑物，是否存在倾倒废土弃渣、工业固废和危废，是否存在其他侵占湖（库）的问题。

——是否存在非法电鱼、网鱼、药鱼等破坏水生态环境的行为。

——湖长公示牌、排污（水）口标示牌等涉水告示牌设置是否规范，是否存在倾斜、破损、变形、变色、老化等影响使用的问题。

——此前巡查发现的问题是否解决到位。

——是否存在其他影响湖（库）水质的问题。

——堤坝、水闸等水工建筑物是否存在损毁、开裂、设施杂乱等情况。

7.4　巡查记录

各级湖长要严格按规定频次、规定要求使用网络信息平台开展日常巡查，做好湖（库）日常情况的记录和反馈，做到巡查的轨迹、内容电子化，有文字、图片或视频，台账资料清晰可查。

8　公开要求

8.1　信息公开

8.1.1　各级湖长名单应当向社会公布。

8.1.2 水域沿岸显要位置应当设立湖长公示牌，其内容应符合相关要求。

8.1.3 前两款规定的湖长相关信息发生变更的，应当及时予以更新。

8.1.4 县级及以上湖长管理湖（库）要在当地主要媒体公布"一湖一策"治理方案和年度实施目标。

乡级及以上湖长要建立湖长网络信息平台，及时沟通信息、互通有无。

8.2　公众参与

鼓励设置民间湖长。各地可根据需要，自行设置各类民间湖长，参与湖（库）监督与管理工作。

8.3　投诉举报

8.3.1 各级湖长制工作机构应设立相应的公众投诉举报渠道，并将所受理事项及时交付相应的湖长办理。

8.3.2 湖长接到群众的投诉举报，应当认真记录，在一个工作日内赴现场进行初步核实。投诉举报的问题属实的，应当予以解决。对暂不能解决的问题，提交有关职能部门处理。

8.3.3 湖长应在七个工作日内，将投诉举报问题的处理情况反馈给投诉举报人。

9　考核与问责

湖长履职考核工作纳入各地湖长制考核体系，考核结果作为地方党政领导干部综合考核评价的重要依据。实行水域生态环境损害责任终身追究制，对造成水域面积萎缩、水体恶化、生态功能退化等生态环境损害的，严格按照有关规定追究相关单位和人员的责任。

附录四 浙江省美丽河湖建设评价标准（试行）

一、适用范围

根据《浙江省美丽河湖建设验收管理办法》制定本标准，本标准适用于指导以河湖为单元开展美丽河湖建设评价，规定了安全流畅、生态健康、文化融入、管护高效、人水和谐等方面的评价要求，是我省"美丽河湖"验收的依据。

二、评价原则

全面系统——宜从河湖安全、生态、文化、亲水、管护等方面，合理评价河湖综合功能。

突出特色——应从河湖自然特性、人文特色和社会需求，评价是否体现地域特色和各美其美。

建管并重——评价河湖长效管护工作是否符合河湖永续发展。

注重实效——关注河湖治理成效，对于面貌改善程度高、人民群众参与度和满意度高的河湖评价应有所倾向。

三、评价内容

（一）安全流畅

按照经济社会发展的需求，根据规定的防洪、排涝等水安全功能，布置防洪保安工程措施，落实防汛抢险相关制度，确保河湖安全流畅。

（1）河湖堤岸符合规定的防洪、排涝、通航等标准，堤岸及主要水利设施未发生重大水毁安全事故。堤防护岸不存在坍塌、渗漏、冲刷等安全隐患。

（2）堰坝、河埠、桥梁、闸站等涉河构筑物设施完好，满足防洪、排涝等要求。

（3）河湖行洪断面通畅，不存在明显淤积或阻碍行洪、影响河湖流畅的构筑物、临时设施等。近年来未发生不合理的缩窄、填埋河道及改道、裁弯取直

等减少行洪断面的行为。

（4）重要河段防汛管理道路畅通（也可就近结合市政道路、乡村道路等贯通）。险工河段抢险预案完善可行。

（5）积极倡导退堤还河（湖）、新增水域。鼓励利用堤后道路和高起地形进行防护、打通断头河等明显提升河湖行洪排涝能力。

（二）生态健康

根据水功能区、水环境功能区确定的河湖水质和生态保护目标，因地制宜开展河湖生态保护与修复，入河湖排放口污染控制有效落实。

（1）河湖水质达到水功能区、水环境功能区标准，河湖沿线的饮用水水源地水质全面达标。本年度未发生重大水环境污染事故。

（2）山丘区河湖不存在人为因素造成的脱水河段，水电站、堰坝设有泄放生态水量设施并按相关规定泄放生态水量；平原河网水系连通性和流动性好，积极打通断头河浜。

（3）河湖沿线的污水零直排区建设工作全面开展。河湖取排水口设置规范，满足相关标准，不存在污水直排、偷排、漏排现象，不存在未按审批要求乱取水现象。

（4）河湖平面形态自然优美、宜弯则弯，弯道、深潭、浅滩、江心洲、滩地、滩林等自然风貌得到有效保护与修复。河湖滨岸带植被覆盖完好，原生乔木得以保留，乔灌草、水陆植物搭配合理，鱼鸟等生物栖息繁衍环境良好。有效遏制非法捕捞鱼业资源现象。

（5）河湖断面上堤岸顶、坡与水面平顺衔接，无过度护岸、筑堰现象，堤岸、堰坝、水闸等水工建筑物结构形式、建筑材料、砌筑工法等在安全的基础上符合生态性要求。河湖清淤疏浚科学合理。

（6）倡导定期开展河湖健康评估，及时开展生态保护与修复。积极采取生态化改造措施保护与修复河湖生态；严格控制城市和农业面源污染，提升入河湖水质。

（三）文化融入

结合全域旅游布局，挖掘、提炼并合理融入河湖水利工程文化、治水精神、地域人文、特色风貌等，丰富提升河湖文化内涵。

（1）河湖沿岸自然、人文景观优美，人工景观展现方式与周边环境协调融合，符合河湖实际及安全性、美观性、经济性要求。

（2）河湖及其沿岸历史文化古迹（古桥、古堰、古码头、古闸、古堤、古河道、古塘、古井、古建筑等）留存情况良好，得到有效保护修复和利用。

（3）通过水文化相关活动或利用已有堤、堰、闸、桥等载体合理展示河湖水工程文化、治水文化等。

（4）积极鼓励挖掘展示流域特色文化，通过新时代思想、当地人文历史、自然资源禀赋等合理展示，丰富河湖文化内涵。

（四）管护高效

河（湖）长制度有效落实、河（湖）管护机构职责落实，日常管护到位。

（1）河（湖）长制度有效落实，河（湖）长职责明确、履职到位。"一河（湖）一档""一河（湖）一策"已按相关规定编制，并具有可操作性和实效性。河（湖）长牌信息更新及时，河（湖）长电话畅通，发现问题及时有效处理。

（2）河（湖）管护机构（或责任主体）明确，制度健全、职责明确、经费保障、管护到位。

（3）管理用房、巡查管护通道、防汛抢险和维护物资堆放管理场所、标识标牌及其他管护设施基本齐备。河湖管理数字化有序推进，水文水质监测、视频监控设施满足现代化管理需要。积极推进河湖工程管理标准化创建。

（4）河湖保洁等长效机制建立并落实到位，河湖水面及岸坡无废弃物、漂浮物（垃圾、油污、规模性水葫芦、蓝藻等）。

（5）完成河湖管理范围划界，沿河定界设施完整。无违建河道创建工作全面开展。河湖管理范围内无乱占、乱采、乱堆、乱建现象。当年度未发生典型涉河涉堤违法事件、重大安全生产事故。

（五）人水和谐

坚持可持续发展，推进河湖治理公众参与，注重沿线居民参与度、满意度。

（1）在人类活动相对密集区域合理建设滨水慢行道、水文化公园、河埠头、亲水平台、便桥、垂钓点等亲水便民设施，在不影响安全的前提下，满足沿河

居民合理的亲水需要，亲水便民设施布置要因地制宜、因河制宜，要实用、美观、经济，避免过度建设。

（2）河湖重要位置和人类活动密集区设置警示标志标识，配备必要的安全救生设施。

（3）积极倡导可持续、全域思维统筹谋划，推进河湖系统治理，改善提升城乡村生产、生活环境，带动乡村生态农业、民宿、文创、旅游等产业发展。

（4）充分体现公众参与，在美丽河湖建设全过程中，尤其是亲水便民设施布置方案确定和建设过程中须问需于民、问计于民。在美丽河湖评价中要对河湖沿线居民开展满意度调查。

浙江省"美丽河湖"建设评价打分细则

评分类别	指标类别	评 价 内 容	分值	评分标准说明
安全流畅（27分）	基础指标	堤防安全情况是否良好，堤岸是否存在坍塌现象	8	基础分值8分，每发现一处堤岸未达到设计标准扣2分，每发现一处堤岸坍塌视程度扣1～2分
		涉水构筑物和设施是否完好，是否对防洪排涝安全造成不利影响。本年度内重要水利设施是否发生过重大水毁事故	8	基础分值8分，每发现一处问题视程度扣1～2分。若发生重大水毁事故，此项不得分。重大水毁事故指造成重大损失或严重影响的重要堰坝冲毁、闸站倒塌等
		是否存在不符合规划断面要求的卡口段，是否存在明显淤积或阻碍行洪、影响河湖流畅的设施，2018年以来是否存在不合理的缩窄填埋河道、裁弯取直等现象	8	基础分值8分，每发现一处问题视程度扣1～2分
		重要河段防汛管理道路是否畅通（也可就近结合市政道路、乡村道路等贯通），如有险工河段，其抢险预案应完善可行	3	通畅、路况好得3分，基本通畅得1～2分。防汛道路也可借用邻近市政道路、乡村道路。如有险工河段抢险预案不完善的扣1～2分
	加分项	△2018年以来是否有通过退堤还河、新增水域、打通断头河等形式提升河湖行洪排涝能力的行为	2	成效巨大加2分；成效较大加1.5分；成效一般加1分
生态健康（27分）	基础指标	河湖水体水质感官是否良好，是否有异味，是否有水葫芦、蓝藻等规模性爆发，供水水源是否有水质季节性超标。本年度是否发生过重大环境污染事故	6	根据现场调查及河湖水体现场感官和异味情况综合赋分。总体情况好得6分，较好得3～5分，一般得1～2分。本年度发生过重大环境污染事故的，本项不得分

评分类别	指标类别	评 价 内 容	分值	评分标准说明
生态健康 (27分)	基础指标	山丘区河流是否存在因人为因素造成的脱水河段,水电站、堰坝是否设有泄放生态水量设施并按相关规定泄放生态水量;平原河网水系是否连通,断头河浜情况是否严重	5	基础分值5分,每发现一处问题视程度扣1~2分
		河湖区域污水零直排创建是否全面开展;入河湖排放口是否存在污水直排、偷排、漏排(如雨水排放口晴天出水),入河湖雨水口是否存在初雨期污染,是否存在未按审批要求乱取水现象;河湖排水口、取水口设置是否规范	5	基础分值5分,每发现一处问题扣1分,其中污水零直排工作未开展扣2分
		河湖管理范围内滩地、湿地是否保护完好,原生乔木是否得以保留,原有滩林、河湖断面是否形态丰富、自然,滨岸带植物是否覆盖完好、搭配合理,乡村段河湖是否存在过度市政园林化、引种外来物种造成生态失衡等情况,生物是否多样健康。是否有效遏制非法捕鱼、电鱼等现象,是否存在季节性死鱼等现象	6	河湖断面形态优美、自然要素保护修复情况好的得6分,较好得3~5分,一般得1~2分
		护岸护坡及水面是否平顺衔接,水岸生物链是否阻断,护岸是否过度。堰坝是否阻断生物连通性,是否存在密集建堰形成水面"梯级衔接"。水工建筑材料、砌筑工法等在安全基础上是否符合生态性要求,清淤疏浚是否科学合理	5	基础分值5分,每发现一处问题视程度扣1~2分
	扣分项	▽河湖水体环境质量是否符合功能区标准	−10	河湖水质(高锰酸盐、氨氮指标)不满足水功能区水环境功能区标准要求(未划定功能区的,水质不低于下游邻近功能区的水质要求)的扣10分
	加分项	△河湖水质较水功能区标准要求高1个类别及以上	1	当年河湖水质较水功能区水环境功能区提高1个类别及以上加1分
		△在河流平面、纵向、横向上实施平面形态修复、改善鱼类洄游条件、改善两栖动物生存空间等措施。严格控制城市和农业面源污染等措施	1	改造规模较大,前后对比明显,成效明显的,加1分;改造规模较小,对比较小,成效一般的,加0.5分
		△健康评估	1	探索开展河湖健康情况调查评估的得0.5分。在调查评估的基础上针对性采取修复治理措施的得0.5分

续表

评分类别	指标类别	评 价 内 容	分值	评分标准说明
文化融入 （12分）	基础指标	河湖景观是否优美，是否与周边环境协调融合。人工景观是否确有需要、不造作且符合河湖实际及安全性、美观性、经济性要求	3	根据综合情况赋分，景观优美融合的得3分，较好得2～3分，一般得1分。有景观过度情况的不得超过2分
		河湖及其沿岸历史文化古迹（古桥、古堰、古码头、古闸、古堤、古河道、古塘、古井、古建筑等）的保护和利用状况是否良好	3	根据综合情况赋分，保护修复和利用情况好的得3分，较好得2～3分，一般得1分，较差不得分
		河湖水工程文化、治水文化通过水文化相关活动或利用已有的堤、堰、桥、闸等载体进行展示的形式、内容和效果是否良好	3	根据综合情况赋分，展示情况好的得3分，较好得2分，一般得1分，较差不得分
		结合河湖地域特色定位的创造类特色、文化的挖掘提炼情况，包括新时代思想、当地人文历史、自然资源禀赋、科普教育等是否合理展示	3	根据综合情况赋分，特色文化建设情况好的得3分，较好得2～3分，一般得1分
管护高效 （14分）	基础指标	河（湖）长履职是否到位，协调作用是否有效。"一河（湖）一策"是否已按相关规定编制文件，并具有可操作性和实效性。河（湖）长牌信息更新是否及时、电话是否畅通；发现问题是否及时有效处理等	4	基础分值4分，每发现一处问题视程度扣1～2分
		河湖管护机构（或责任主体）制度是否健全、职责是否明确、经费是否保障、管护是否到位，责任主体及其职责是否明确	2	基础分值2分，每发现一处问题视程度扣0.5～1分
		管理用房、巡查管护通道、防汛抢险和维护物资堆放管理场所、标识标牌及其他管护设施是否齐备。水文水质监测、视频监控设施是否满足管理需要。是否积极推进河湖工程管理标准化创建	3	根据综合情况赋分，情况好的得3分，较好得2分，一般得1分
		是否完成河湖管理范围划界。河湖管理范围内是否存在四乱现象。无违建河道创建任务是否完成。是否建立健全河湖保洁等长效机制并落实到位。河湖水面及岸坡是否有废弃物、漂浮物（垃圾、油污、规模性水葫芦、蓝藻等）。沿河定界设施是否完整	5	基础分值5分，存在划界工作未完成、无违建河道创建未完成的，扣5分，每发现一处其他问题视程度0.5～5分
	扣分项	▽本年度是否发生过典型涉水违法事件	−10	发生过施工安全事故、严重涉水违法违规及主流媒体曝光事件的，扣10分

评分类别	指标类别	评 价 内 容	分值	评分标准说明
人水和谐 （20分）	基础指标	饮用水水源地是否达标创建，农田供水是否有效保障。河湖沿线村庄、城镇内水系与评价河湖的连通性是否良好。河埠头、堰坝、便桥、平台等亲水设施设置是否合理、美观、实用、协调	3	根据综合情况赋分，情况好的得3分，较好得2～3分，一般得1分
		滨水绿道布置是否合理，对河湖安全和巡查管护是否有利，对鸟类等动物栖息地是否存在过度干扰，建筑材料是否环保，结构形式和颜色与周围环境是否协调	3	根据综合情况赋分，情况好的得3分，较好得2～3分，一般得1分
		滨水公园设置是否合理，是否融合了休闲、河湖文化展示、河湖管护等综合功能，是否与周围环境相协调	3	根据综合情况赋分，情况好的得3分，较好得2～3分，一般得1分
		对于有可能造成人员伤害的危险源，是否在重要位置和人群活动密集区，设置警示标志、标识和安全设施	2	根据综合情况赋分，情况好的得2分，较好得1～1.5分，一般得0.5～1分
		河湖治理是否只是样板治理、片段治理，是否统筹谋划、推进系统治理	3	根据综合情况赋分，情况好的得3分，较好得2～3分，一般得1分
		在美丽河湖建设全过程中，尤其是亲水便民设施布置方案确定和建设过程中须问需于民、问计于民，开展群众需求调查并落实相应举措	4	落实情况较好且成效明显的得3～4分，一般的得1～2分，未落实的不得分
		开展美丽河湖满意度调查，调查范围要基本涵盖河湖沿线居民集聚点	2	按照回收满意度调查表的平均得分情况折算
	加分项	△乡村振兴	2	河湖面貌的提升，是否促进了河湖周边旅游观光、游憩休闲、健康养生、生态教育等产业发展，有助于推进乡村振兴和美丽乡村建设。根据综合情况赋分，情况好的得2分，较好得1分
		△宣传报道	3	国家级新闻媒体（指电视、报纸、广播、网站、客户端）正面报道加2分，省级加1.5分，设区市级加0.5分，可累积加分但不超过3分

注："▽"为扣分项指标，"△"为加分项指标。

参 考 文 献

[1] 邱志荣，茹静文. 深入探索历史上的"河长制"[EB/OL]. http：//www.jianhu.so/info.php? id：276.

[2] 邱志荣，茹静文. 浦阳江治水史上的光辉篇章——明代刘光复在诸暨实施"河长制"[N]. 中国水利报，2006-11-24（5）.

[3] 邱志荣，茹静文. 刘光复和河长制[N]. 绍兴日报，2017-1-3（7）.

[4] 朱玫. 论河长制的发展实践与推进[J]. 环境保护，2017（2）：58-61.

[5] 陶长生. "河长制"：河湖长效管理的抓手[J]. 中国水利，2014（6）：20.

[6] 胡琳，何斐，胡玲，等. 新时代浙江省河湖管理发展路径与政策建议[J]. 人民长江，2018，49（21）：9-12.

[7] 姚毅臣，黄瑚，谢颂华. 江西省河长制湖长制工作实践与成效[J]. 中国水利，2018（22）：32-35.

[8] 王歆予. 河长制与河长职责法定化探析[J]. 湖南科技学院学报，2018，39（1）：122-124.

[9] 李原园，沈福新，罗鹏. 一河（湖）一档建立与一河（湖）一策制定有关技术问题[J]. 中国水利，2018（12）：3-7.

[10] 鄂竟平. 推动河长制从全面建立到全面见效[J]. 中国水利，2018（4）：1-2.

[11] 解建仓，陈小万，赵津，等. 基于过程化管理的"河长制"与"强监管"[J]. 人民黄河，2019，41（10）：143-147.

[12] 左其亭，韩春华，韩春辉，等. 河长制理论基础及支撑体系研究[J]. 人民黄河，2017，39（6）：1-6.

[13] 颜士平. 深化落实河长制 打造"美丽河湖"台州样板——椒（灵）江流域保护与治理对策建议[J]. 浙江经济，2018（18）：56-57.

[14] 朱法君. 以"美丽河湖"打造浙江治水升级版[J]. 中国水利，2019（10）：14-15.

[15] 方子杰，唐燕飚，夏玉立. 对新时代推进水利高质量发展的思考[J]. 水利发展研究，2019，19（8）：14-19.